进阶式数据库实践系列教材

基于国产数据库的项目实训教程

张永新　苗　健　卢　健　编著

电子工业出版社

Publishing House of Electronics Industry

北京·BEIJING

内 容 简 介

《基于国产数据库的项目实训教程》以项目开发过程为主要框架，贯穿数据库课程的主要知识点，完整地记录了基于国产数据库（HighGo Database）和 Python 开发管理信息系统的全过程。本书以学生常见并易于理解的学生选课系统为例，以项目开发的主要阶段（需求分析、数据库设计、界面设计、功能实现）为组织提纲，以数据库应用及 Python 开发为技术要点，引导读者从无到有、循序渐进地完成一个完整项目的开发。本书既可以作为高校数据库课程的项目大作业指导书，也可以作为自学者的项目实训参考书。

图书在版编目（CIP）数据

基于国产数据库的项目实训教程 / 张永新，苗健，卢健编著. —北京：电子工业出版社，2022.3

ISBN 978-7-121-43082-4

Ⅰ. ①基… Ⅱ. ①张… ②苗… ③卢… Ⅲ. ①程序语言—程序设计—高等学校—教材 Ⅳ. ①TP312

中国版本图书馆 CIP 数据核字（2022）第 041136 号

责任编辑：杜　军　　　　　　特约编辑：田学清
印　　　刷：北京天宇星印刷厂
装　　　订：北京天宇星印刷厂
出版发行：电子工业出版社
　　　　　北京市海淀区万寿路 173 信箱　　　邮编：100036
开　　本：787×1092　　1/16　　印张：9.5　　字数：208 千字
版　　次：2022 年 3 月第 1 版
印　　次：2023 年 1 月第 2 次印刷
定　　价：32.00 元

凡所购买电子工业出版社图书有缺损问题，请向购买书店调换。若书店售缺，请与本社发行部联系，联系及邮购电话：（010）88254888，88258888。

质量投诉请发邮件至 zlts@phei.com.cn，盗版侵权举报请发邮件至 dbqq@phei.com.cn。

本书咨询联系方式：dujun@phei.com.cn。

本书编委会

编　　著：张永新　苗　健　卢　健

参　　编：（按姓氏笔画排序）

丁治明　丁艳辉　马继超　白国华　李　琳　李　焱

李　鹏　邢春晓　张　勇　郑晓军　类延良　赵晓晖

徐　震　魏　波

前　言

Preface

对于计算机技术的学习者而言，在完成编程语言、数据库技术等基础知识的学习后，设计并开发一套完整的信息管理系统（MIS）是对其所学知识的综合性检验。本书可以帮助读者熟悉 MIS 开发的整体流程，通过使用国产数据库和 Python 语言完成一个选课系统的设计与开发，在增强读者动手能力的同时，有针对性地提升其就业竞争力。"良好的开始是成功的一半"，本书将带领读者自信满满地走上项目开发之路。

在同类书籍中，本书具有以下特点。

阶段性：从内容的组织上，本书体现了软件开发的流程性和阶段性，通过需求分析介绍了选课系统的主要功能要求，并在需求分析的基础上介绍了系统功能及数据库设计细节；通过对 HighGo Database 和 Python 开发平台的介绍，读者可熟悉技术细节，进而完成选课系统的功能实现；软件开发各阶段过渡衔接自然、不生硬，体现了不同开发阶段的侧重点。

覆盖度：本书涵盖了数据库系统概论课程的基本知识点，包含了 MIS 开发涉及的数据库知识和技能，既包括数据库设计的基本理论和模型，如概念设计的 ER 模型、逻辑设计的关系模型等，又包括常用数据库对象的应用知识，如数据库的创建、数据表的创建、约束、索引、视图、存储过程、触发器等。

渐进性："麻雀虽小，五脏俱全"，虽然本书的选课系统的功能比较简单，但涉及 MIS 开发常见的知识和技术。对于没有任何项目开发经验的读者而言，本书能够使其有据可循、有例可依，按照本书的章节安排一步一步地完成完整 MIS 的开发。

启发性：本书描述并实现的系统只是真实选课系统的一个简化的雏形，在功能和技术实现方面有很多可以改进的地方。本书对这些可改进、扩展之处做出了提示，对读者有一定的启发。

国产化：本书中选课系统的实现采用了自主知识产权的 HighGo Database 数据库。

学习本书前的预备知识

- 了解数据库的基础知识和基本对象
- 了解 Python 的基本语法

本书的学习安排

本书第 1 章对选课系统的需求进行了描述，通过分析需求引导读者得出了系统的功能设计。第 2 章基于第 1 章给出的系统需求及功能，对系统数据库进行了概念结构设计、逻辑结构设计和物理结构设计。接下来的两章主要对数据库和编程两方面的技术进行了介绍，其中第 3 章讲解了 HighGo Database 的配置和使用，并使用 HighGo Database 完成了系统数据准备（建立和使用各种数据库对象，如数据库、数据表、约束、索引、视图、存储过程、触发器等）；第 4 章介绍了 Python 开发环境的配置、Python IDE 的使用及 Python GUI 开发工具（PyQt5），并以简易计算器的设计及实现为例，介绍了桌面应用程序的开发。如果读者对 HighGo Database、Python 开发环境及 PyQt5 比较熟悉，可以有选择性地跳过第 3 章和第 4 章。第 5 章根据第 1 章对选课系统的功能设计，借助第 4 章介绍的 PyQt5 及其工具，完成了对各功能界面的设计。第 6 章给出了各功能的具体实现细节和关键代码。

读者在学习本书的过程中，可能会遇到一些暂时无法完全理解的理论知识或技术点，建议读者先跟着本书的章节安排完成各部分的任务，一步一步形成可见的"样品"，再通过实践体会原来不明白之处，一定会有豁然开朗的感觉。

相关资源

HighGo Database 安装介质下载链接可通过注册访问瀚高技术支持平台获得（文章 ID：018611202）。更多 HighGo Database 及 PostgreSQL 学习资源请访问瀚高技术支持平台、PGFans 问答社区、PostgreSQL 中文资源网及 PostgreSQL 开源专区。

本书 PPT、源代码、数据库脚本等更多配套资源，可登录华信教育资源网（www.hxedu.com.cn）免费下载。

目　录

Contents

第 1 章

系统需求与功能

本系统名为学生选课管理信息系统（Student Course Selection Management Information System，SCSMIS），简称选课系统。

1.1 需求分析

1.1.1 系统用户分析

选课系统的主要用户是**学生**和**教师**，根据初步业务分析，还应该有一个角色负责基础信息（如学生信息、教师信息、课程信息等）的维护，即管理员。下面分别对这三个角色的功能需求进行简要分析。

- 学生：选课系统的主要使用者，使用该系统进行选课、退选、选课情况查询等。
- 教师：选课系统的主要使用者，使用该系统进行开设课程、停开课程、选课情况查询、选课成绩录入等。
- 管理员：选课系统基础信息的维护者，也是系统用户的管理者，一般由学校教务处的工作人员来负责。

1.1.2　学生功能

1．业务描述

学生登录选课系统后，可以进行修改密码、选修课程、退选课程、查看成绩等操作，如图 1.1 所示。

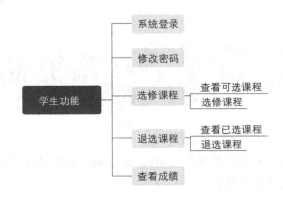

图 1.1　学生功能

选修课程：管理员根据各专业的培养方案在选课系统中发布课程（添加新的课程），教师根据发布的课程开设课程（确定开课时间和开课地点），学生查看系统中的可选课程，然后从中选择自己中意的课程和教师执行选课操作。

退选课程：如果学生想要退选已选课程，可以先查看选课系统中已选的课程，然后选中需要退选的课程执行退选操作。

查看成绩：教师发布成绩后，学生可以在选课系统中查看个人成绩。

2．数据描述

信息描述：课程、教师、学生、成绩。

- 成绩为介于 0～100 的小数，精确到小数点后 1 位。

主要约束：

- 学生选课总学分不得超过 100。
- 一个学生可以选修由不同教师讲授的不同课程，但同一门课程一个学生只可以选修一次。
- 对于已经考核完毕（已有成绩）的课程，不可退选。

1.1.3　教师功能

1．业务描述

教师登录选课系统后，可以执行修改密码、开设课程、选课情况查看、选课成绩管理等操作，如图 1.2 所示。

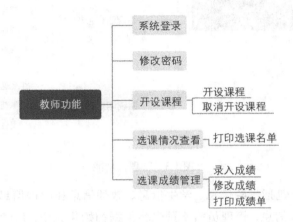

图 1.2　教师功能

开设课程：教师可以查看全校课程列表，并从中选择自己需要讲授的课程进行开设课程操作；对于自己讲授的课程，若其选课人数少于 20 人，则可以选择取消开设该课程。

选课情况查看：教师可以查看自己所授课程的选课情况，并打印选课名单。

选课成绩管理：课程考核完毕后，教师可以录入自己所授课程的成绩，并根据实际需要执行成绩修改、成绩单打印等操作。

2．数据描述

信息描述：课程、学生、成绩。

主要约束：

- 对于教师开设的课程，若其选课人数少于 20 人，则可以选择取消开设该课程。
- 对于已经考核完毕（已有成绩）的课程，不可取消该课程的开设。

1.1.4　管理员功能

1．业务描述

管理员登录系统后，除了可以修改个人用户密码，还可以完成如图 1.3 所示的操作。

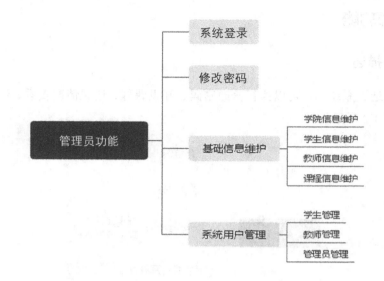

图 1.3　管理员功能

基础信息维护：包括学院信息、学生信息、教师信息和课程信息的维护。这些信息是选课系统运行的基本信息，管理员需要预先将数据初始化完毕，后续的选课管理和成绩管理等功能才能正常使用。

系统用户管理：选课系统的用户包括学生、教师和管理员三类，管理员可以添加、删除用户。管理员需要预先初始化完毕这些信息，学生、教师和其他管理员才能登录并使用选课系统。

2．数据描述

1）学院信息

信息描述：学院编号、学院名称。

- 学院编号：两位整数，如"08""11"。

主要约束：无。

2）学生信息

信息描述：学号、姓名、性别、出生日期、入学年份、学院、专业、电话。

- 学号：十位整数，其中前四位为入学年份，后六位为顺序号，如 2020000123。
- 姓名：学校有少数民族同学，如尼格热合曼·买买提。

主要约束：

- 一个学生只能隶属于一个学院。

3）教师信息

信息描述：工号、姓名、性别、职称、学院、电话。

- 工号：六位整数，如 612035。
- 职称：包括教授、副教授、讲师、助教、其他。

主要约束：

- 一位教师只能隶属于一个学院。

4）课程信息

信息描述：课程编号、课程名称、教师姓名、工号、教师职称、授课时间、授课地点、先修课程、学分。

- 课程编号：整数，从 1 开始顺序编号，如 12。
- 先修课程：该课程的先修课程，即学习完先修课程才能学习本课程。
- 授课时间：形如"1-18 周周三 1-2 节""1-9 周周五 5-7 节"。
- 学分：介于 0～10 的小数，精确到小数点后 1 位。

主要约束：

- 为方便学生选课，所有课程名称不可重复，若有两个学院或专业开设相同名称的课程，则用课程名称加上学院名或专业名来区别，如"数据结构与算法（信工学院）""数据结构与算法（数学院）"。
- 一位教师可以讲授多门课程，一门课程可以由多位教师讲授，一位教师讲授一门课程需要指定相应的授课时间和授课地点。

5）管理员信息

信息描述：工号、姓名、性别、生日、部门、电话。

- 工号：六位整数，如 106011。

主要约束：无。

1.2　功能设计

根据 1.1 节的需求分析，遵循面向用户角色和行为的功能设计原则，先提取不同用户的统一功能，再按照用户角色来划分和组织系统功能，然后为了用户使用方便重新梳理了具体功能的构造，最终完成选课系统的整体功能设计。经过分析和设计，得到的选课系统功能结构如图 1.4 所示。

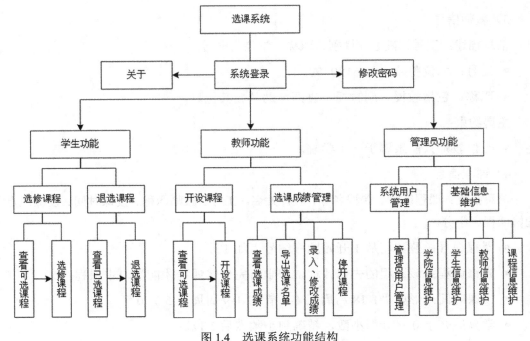

图 1.4 选课系统功能结构

1.2.1 系统通用功能

1. 系统登录

用户输入账号、密码，选择用户类型（学生、教师、管理员），登录系统。系统验证账号、密码及用户类型是否匹配，若匹配则进入系统，否则提示有误。用户登录系统后，根据不同的用户类型展示不同的操作界面。

2. 修改密码

用户登录系统后可修改密码。用户输入旧密码、新密码，然后再次输入新密码，系统验证通过后完成密码修改，若旧密码错误或两次输入的新密码不一致则提示有误。

3. 关于

展示系统的 logo、简介、开发者、单位等信息。

1.2.2　学生功能

1．选修课程

（1）查看可选课程：查看学生可选（未选修）的所有课程列表，列表信息包括课程编号、课程名称、工号、教师姓名、教师职称、授课时间、授课地点。

（2）选修课程：学生选中某门课程，执行选课操作，若满足选修约束则提示选修成功，否则提示有误。

选修约束：学生选课总学分不得超过 100；同一门课程（同一课程编号）一个学生只能选修一次。

2．退选课程

（1）查看已选课程：查看学生已选课程的情况，列表信息包括课程编号、课程名称、工号、教师姓名、教师职称、授课时间、授课地点、成绩。

（2）退选课程：学生选中某门课程，执行退选操作，若该课程已经考核完毕（已有成绩）则不可退选。

1.2.3　教师功能

1．开设课程

（1）可选课程查看：教师查看可以开设的课程列表（教师尚未开设的课程），列表信息包括课程编号、课程名称、先修课程、学分、备注。

（2）开设课程：教师选中需要开设的课程，确定授课时间和授课地点，执行开课操作。

2．选课成绩管理

（1）查看选课情况：教师可以查看自己所授课程的选课情况，列表信息包括课程编号、课程名称、学号、姓名、学院、专业、成绩。

（2）导出选课名单：教师可以导出某门课程的选课名单（Excel 文件），导出文件中包含课程编号、课程名称、学号、姓名、学院、专业、成绩。

（3）录入、修改成绩。

（4）停开课程：教师可以选择一门课程执行停开操作。

停开约束：停开课程需未考试并且选课人数少于 20 人。

1.2.4 管理员功能

1. 系统用户管理

学生用户和教师用户的管理通过维护学生信息和教师信息来实现，因此这里的系统用户管理仅对管理员用户进行管理。

（1）查看管理员信息：系统可以根据检索条件（工号、姓名）查询相应管理员信息，且支持模糊查询。列表信息包括工号、姓名、性别、生日、部门、电话、备注。

（2）更新管理员信息：系统支持对管理员信息的添加、修改、删除操作，其中工号不可修改。

2. 基础信息维护

1）学院信息维护

查看学院信息：系统可以根据检索条件（学院编号、学院名称）查询相应学院信息，由于用户可能记不住学院编号、学院名称的全名，所以需要支持模糊查询。列表信息包括学院编号、学院名称、备注。

学院信息更新：系统支持对学院信息的添加、修改、删除操作，其中学院编号不可修改，拥有教师或学生的学院信息不可删除。

2）学生信息维护

查看学生信息：系统可以根据检索条件（学生编号、学生姓名）查询相应学生信息，且支持模糊查询。列表信息包括学号、姓名、性别、出生日期、入学年份、学院、专业、电话、备注。

更新学生信息：系统支持对学生信息的添加、修改、删除操作，其中学号不可修改，已有选课记录的学生信息不可删除。

重置密码：如果学生忘记自己的密码，管理员可以将其密码重置为初始密码，即123456。

3）教师信息维护

查看教师信息：系统可以根据检索条件（工号、姓名）查询相应教师信息，且支持模糊查询。列表信息包括：工号、姓名、性别、职称、学院、电话、备注。

更新教师信息：系统支持对教师信息的添加、修改、删除操作，其中工号不可修改，已有开课或选课记录的教师信息不可删除。

重置密码：如果教师忘记自己的密码，管理员可以将其密码重置为初始密码，即123456。

4）课程信息维护

查看课程信息：系统可以根据检索条件（课程编号、课程名称）查询相应课程信息，支持模糊查询。列表信息包括课程编号、课程名称、先修课程、学分、备注。

更新课程信息：系统支持对课程信息的添加、修改、删除操作，其中课程编号不可修改，已有开课或选课记录的课程不可删除。

1.3 小结

本章给出了选课系统详细的需求分析和明确的功能设计，在实际的项目开发中，需要与用户进行多次交互才能明确需求，可能耗时较长。选课系统的需求分析和功能设计的目的是明确"做什么"，所以读者在学习本章的过程中一定要注意"边界"问题，明确哪些是系统需要做的，哪些是系统不需要做或可以不做的，这对于后续的系统设计和实现尤为重要。

本章仅介绍了选课系统最基本的需求和功能，考虑因素有限，甚至做了一些理想化的简化处理，在复杂程度上与实际的选课系统相差甚远。但本章设计的系统功能可以支撑一个选课系统的完整业务，可以认为本章的选课系统是选课系统的"最小完备功能集"。在学习本书的过程中，不建议读者在需求分析和功能设计阶段对系统进行扩展，建议读者先对"最小完备功能集"进行设计和实现，在完成一个完整系统后，再对系统的功能和实用性进行改进和完善。

第 2 章
数据库设计

2.1 概念结构设计

根据需求分析中的数据描述，选课系统中有五类实体：学院、学生、教师、课程、管理员，这些实体之间存在以下联系：

① 学生和学院之间存在一对多的隶属联系；

② 教师和学院之间存在一对多的隶属联系；

③ 课程内部存在一对多的先修联系；

④ 教师和课程之间存在多对多的讲授联系；

⑤ 学生、教师、课程之间存在多对多的选修联系。

基于以上分析得到的选课系统的概念模型（ER 模型）如图 2.1 所示。

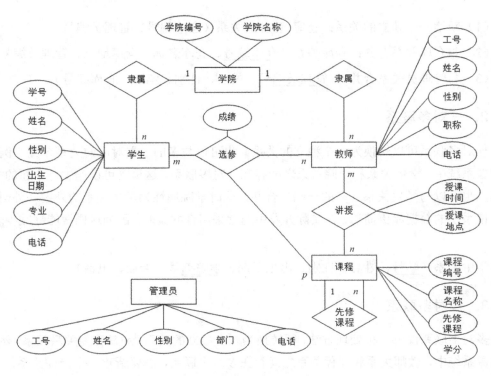

图 2.1 选课系统的概念模型

2.2 逻辑结构设计

由于选课系统采用关系数据库作为系统实现的 DBMS（Database Management System，数据库管理系统），所以此处采用关系模式描述方式呈现数据库的逻辑结构。

ER 模型中的实体在逻辑结构设计中对应于实体关系；ER 模型中的联系根据联系的种类有不同的处理方法。

1．一对一联系

一对一联系可以转换为独立的关系，也可以与任意一端对应的关系合并。例如，仓库关系和管理员关系存在一对一联系，即一个仓库仅有一个管理员，一个管理员仅在一个仓库工作。

仓库关系（<u>仓库编号</u>、仓库名称、仓库地点）

管理员关系（<u>管理员编号</u>、姓名、性别、年龄）

联系的表达方式有三种：

（1）新增一个独立的关系：仓库-管理员关系（<u>仓库编号</u>、<u>管理员编号</u>）。

（2）与仓库关系合并：仓库关系（<u>仓库编号</u>、仓库名称、仓库地点、管理员编号）。

（3）与管理员关系合并：（<u>管理员编号</u>、姓名、性别、年龄、仓库编号）。

2．一对多联系

一对多联系可以转换为一个独立的关系，也可以与多的一端对应的关系合并。例如，在选课系统中，学生关系和学院关系之间存在一对多联系，这里既可以产生一个新的关联关系，也可以与学生关系（多的一端）合并，此时学院属性为学生关系的外键（外码）。为了使系统的数据库更简洁，在实际开发中通常采用合并策略，因为这样做能够减少表的数量。

学生关系（<u>学号</u>、姓名、性别、出生日期、<u>学院编号</u>、专业、电话）

3．多对多联系

多对多联系仅有一种处理方法，即转换为一个独立的关系，通常称为**关联关系**。例如，在选课系统中，教师关系和课程关系之间存在多对多联系，需要新建一个授课关系，其中工号和课程编号联合作主键（主码），工号、课程编号又分别为外键。

授课关系（<u>工号</u>、<u>课程编号</u>、授课时间、授课地点）

4．三个或三个以上实体间的多元联系

三个或三个以上实体间的多元联系可转换为一个独立的关系。例如，在选课系统中，学生关系、教师关系和课程关系之间存在多对多的联系，需要新建一个选课关系，其中学号、工号和课程编号联合作主键，学号、工号、课程编号分别为外键。

基于以上分析，选课系统数据库中共有 7 个关系，这里将其分为实体关系和关联关系两类。

实体关系[①]：

- 学院关系（<u>学院编号</u>、学院名称）

- 学生关系（<u>学号</u>、姓名、性别、出生日期、<u>学院编号</u>、专业、电话）

- 教师关系（<u>工号</u>、姓名、性别、职称、<u>学院编号</u>、电话）

- 课程关系（<u>课程编号</u>、课程名称、<u>先修课程</u>、学分）

- 管理员关系（<u>工号</u>、姓名、性别、部门、电话）

————————————————

① 实体关系中，单下画线标注的为主键（主码），双下画线标注的为外键（外码）。

关联关系：

- 授课关系（<u>工号</u>、<u>课程编号</u>、授课时间、授课地点）
- 选课关系（<u>学号</u>、<u>工号</u>、<u>课程编号</u>、成绩）

2.3　物理结构设计

根据数据库的逻辑结构设计，得到基于 HighGo Database 的物理结构设计方案，本节采用表格形式描述数据库的详细设计，以期达到通过描述生成数据库脚本的目的。

2.3.1　学院表（t_college）

功能描述：记录学院基本信息

数据入口：管理员端-学院信息维护

数据出口：管理员端-学生信息维护、管理员端-教师信息维护

实体名称	学院表（t_college）						
设计者	sdnu						
数据库类型	HighGo Database						
实体管理者	系统管理员						
页号	1						
字段描述	字段名	数据类型	长度	是否为空[1]	初值	键型[2]	备注
学院编号	f_college_id	varchar	2	not null		PK	[3]
学院名称	f_name	varchar	50	not null		UQ	[4]
备注信息	f_memo	varchar	200	null			[5]

[1] null 表示该字段允许为空值，not null 表示该字段不允许为空值。

[2] PK 为主键（Primary Key），FK 为外键（Foreign Key）。

[3] 学院编号为两位整数，如"08""11"。

[4] 学院名称不可重复。

[5] 备用信息。

HighGo Database 中有三种字符类型，分别为 char(n)、varchar(n)、text。其中，char(n) 为最大长度为 n 的定长字符串，varchar(n)为最大长度为 n 的变长字符串，而 text 为任意长度的字符串。这三种字符类型之间没有本质的性能差别，虽然在某些数据库管理系统中，char(n)有一定的性能优势，但在 HighGo Database 中没有，而且会增加额外的存储空间。所以，在大多数情况下选用 varchar(n)或者 text。

2.3.2 管理员表（t_admin）

功能描述：记录管理员的基本信息

数据入口：管理员端-管理员维护

数据出口：系统登录

实体名称	管理员表（t_admin）						
设计者	sdnu						
数据库类型	HighGo Database						
实体管理者	系统管理员						
页号	2						
字段描述	字段名	数据类型	长度	是否为空	初值	键型	备注
工号	f_user_id	varchar	6	not null		PK	①
密码	f_password	varchar	50	not null	123456		②
姓名	f_name	varchar	50	not null			
性别	f_sex	varchar	1	not null			③
出生日期	f_birth	date		null			
部门	f_dept	varchar	50	null			
电话	f_tel	varchar	20	null			
备注信息	f_memo	varchar	200	null			

① 管理员的工号即其账号，为六位整数，如 100001。

② 管理员用户的初始密码为 123456，管理员登录系统后可自行修改，学生用户和教师用户也是如此。

③ 只能填写男或女，注意长度 1 是指字符数而不是字节数。

2.3.3 学生表（t_student）

功能描述：既记录学生基本信息也记录学生用户信息

数据入口：管理员端-学生信息维护

数据出口：系统登录、教师端-选课成绩

实体名称	学生表（t_student）						
设计者	sdnu						
数据库类型	HighGo Database						
实体管理者	系统管理员						
页号	3						
字段描述	字段名	数据类型	长度	是否为空	初值	键型	备注
学号	f_stu_id	varchar	12	not null		PK	①
密码	f_password	varchar	50	not null	123456		②
姓名	f_name	varchar	50	not null			

性别	f_sex	varchar	1	not null			③
出生日期	f_birth	date		null			
入学年份	f_enroll_year	smallint		null			
学院	f_college_id	varchar	2	not null		FK	④
专业	f_speciality	varchar	50	null			
电话	f_tel	varchar	20	null			
备注信息	f_memo	varchar	200	null			

① 学生的学号即其账号。

② 学生用户的初始密码为 123456，学生登录系统后可自行修改。

③ 只能填写男或女。

④ 外键，关联到学院表（t_college）的学院编号（f_college_id）字段。

2.3.4 教师表（t_teacher）

功能描述：既记录教师基本信息也记录教师用户信息

数据入口：管理员端-教师信息维护

数据出口：系统登录、学生端-选修课程

实体名称	教师表（t_teacher）						
设计者	sdnu						
数据库类型	HighGo Database						
实体管理者	系统管理员						
页号	4						
字段描述	字段名	数据类型	长度	是否为空	初值	键型	备注
工号	f_teach_id	varchar	6	not null		PK	①
密码	f_password	varchar	50	not null	123456		②
姓名	f_name	varchar	50	not null			
性别	f_sex	varchar	1	not null			③
职称	f_title	varchar	50	not null			④
学院	f_college_id	varchar	2	not null		FK	⑤
电话	f_tel	varchar	20	null			
备注信息	f_memo	varchar	200	null			

① 教师的工号即其账号，为六位整数，如 620021。

② 教师用户初始密码为 123456，教师登录系统后可自行修改。

③ 只能填写男或女。

④ 职称可选择，选项包括教授、副教授、讲师、助教、其他。

⑤ 外键，关联到学院表（t_college）的学院编号（f_college_id）字段。

2.3.5　课程表（t_course）

功能描述：记录课程基本信息

数据入口：管理员端-课程信息维护

数据出口：学生端-选修课程、学生端-退选课程、教师端-开设课程、教师端-选课成绩

实体名称	课程表（t_course）						
设计者	sdnu						
数据库类型	HighGo Database						
实体管理者	系统管理员						
页号	5						
字段描述	字段名	数据类型	长度	是否为空	初值	键型	备注
课程编号	f_course_id	int		not null		PK	①
课程名称	f_name	varchar	50	not null		UQ	②
先修课程	f_pre_course	int		null		FK	③
学分	f_credit	numeric(2,1)		not null			④
备注信息	f_memo	varchar	200	null			

① 课程编号为标识列，从 1 开始依次递增 1。

② 为方便学生选课，所有课程名称不可重复。若有两个学院或专业开设相同名称的课程，则课程名称加上学院名或专业名以示区别，如"数据结构与算法（信工学院）""数据结构与算法（数学院）"。

③ 该课程的直接先修课程，学习完先修课程才能学习该课程；外键，关联到课程表（t_course）的课程编号（f_course_id）字段。

④ 学分为介于 0～10 的小数，精确到小数点后 1 位。

2.3.6　教师课程表（t_teach_course）

功能描述：教师和课程的关联表

数据入口：教师端-开设课程

数据出口：学生端-选修课程、教师端-选课成绩

实体名称	教师课程表（t_teach_course）						
设计者	sdnu						
数据库类型	HighGo Database						
实体管理者	系统管理员						
页号	6						
字段描述	字段名	数据类型	长度	是否为空	初值	键型	备注
课程编号	f_course_id	int		not null		PK，FK	①
工号	f_teach_id	varchar	6	not null		PK，FK	②
授课时间	f_time	varchar	50				③

续表

授课地点	f_place	varchar	50				
备注信息	f_memo	varchar	200	null			

① 课程编号和工号联合作主键。外键，关联到课程表（t_course）的课程编号（f_course_id）字段。

② 外键，关联到教师表（t_teacher）的工号（f_teach_id）字段。

③ 形如"周三 1-2 节""周五 5-7 节"

2.3.7　学生选课表（t_stu_course）

功能描述：学生、教师、课程的关联表

数据入口：学生端-选修课程

数据出口：学生端-退选课程、教师端-选课成绩

实体名称	学生选课表（t_stu_course）						
设计者	sdnu						
数据库类型	HighGo Database						
实体管理者	系统管理员						
页号	7						
字段描述	字段名	数据类型	长度	是否为空	初值	键型	备注
课程编号	f_course_id	int	6	not null		PK，FK	①
教师工号	f_teach_id	varchar	6	not null		PK，FK	②
学号	f_stu_id	varchar	12	not null		PK，FK	③
成绩	f_score	numeric(3,1)		null			
备注信息	f_memo	varchar	200	null			

① 课程编号、工号和学号联合作主键（复合主键）。外键，关联到课程表（t_course）的课程编号（f_course_id）字段。

② 外键，关联到教师表（t_teacher）的工号（f_teach_id）字段。

③ 外键，关联到学生表（t_student）的学号（f_stu_id）字段。

2.4　小结

本章基于第 1 章给出的系统需求及功能，对系统数据库进行概念结构设计、逻辑结构设计和物理结构设计，请读者体会这三个结构层次之间的区别及转换关系。其中，对于关联关系的处理是实际开发中数据库设计的关键。按照本章的设计，我们得到的数据库将符合数据库设计的前三范式，这也是实际开发中对数据库设计的最基本要求。请读者结合数据库设计的相关理论及本章给出的数据库设计方案进行学习、体会。

第 3 章

HighGo Database 环境

项目中的数据库管理系统采用了国产数据库 HighGo Database，接下来将介绍 HighGo Database 及其安装、配置，并使用 HighGo Database 完成项目中的数据准备工作。

3.1　HighGo Database 概述

瀚高数据库 HighGo Database V5 是瀚高基础软件股份有限公司核心开发团队在深入研究和消化 PostgreSQL 最新内核的基础上，结合公司多年 Oracle 数据库运维管理经验，精心打造的一款面向核心 OLTP（On-Line Transaction Processing，联机事务处理过程）业务的企业级关系数据库。HighGo Database V5 不仅延续了 PostgreSQL 最新内核及功能，还拓展了丰富的企业级功能。和 PostgreSQL 社区版本相比，HighGo Database V5 全面拓展了丰富的企业级功能，在高可用性、安全性及易用性方面有不同程度的增强与提高，主要增强功能包括：备份恢复管理、流复制集群管理、定时任务管理、闪回查询、内核诊断、数据库性能采集分析与监控机制、在线 DDL（Data Defination Language，数据库模式定义语言）增强、全库加/解密、中文分词与检索。HighGo Database V5 主要面向政府、金融等行业和领域，已与国内整机厂商、CPU 厂商、操作系统厂商、中间件厂商、ISV（Independent Software Vendors，独立软件开发商）等生态合作伙伴完成了兼容适配。

HighGo Database V5 支持 Windows 操作系统与主流 Linux 操作系统，同时带有图形化的管理工具 hgdbAdmin，为工程师进行应用系统开发与运维工作提供了支撑。

众所周知，PostgreSQL 是世界上领先的开源数据库，起源于 20 世纪 70 年代美国加州大学伯克利分校（UCB），创始人是荣获图灵奖的 Michael Stonebraker。PostgreSQL 遵循 BSD（Berkeley Software Distribution）许可协议，可以无偿获得源代码，并能根据自己的需要定制修改，可自主选择是否开放修改后的程序代码。值得一提的是，PostgreSQL 的所有权归属于 PostgreSQL 全球开发小组，并不归属于任何一家商业公司或企业，这从根本上杜绝了西方大国挥舞"技术管制与制裁"大棒进行技术断供的可能。

PostgreSQL 的用户涵盖金融、能源、零售、IT、互联网等行业，亚马逊、微软等世界五百强级别的大型企业都在使用 PostgreSQL。PostgreSQL 是大型企业和互联网去 Oracle 的优选方案，能够帮助企业有效管理数据和降低成本，PostgreSQL 也是大数据、云计算领域架构中关系数据库存储管理的最佳选择。同时，在国内也有腾讯、中兴、亚信、瀚高等企业基于 PostgreSQL 研发云产品及自主可控的数据库软件产品。

我国网信领域几十年的实践证明，真正的核心技术是买不来的，是市场换不到的。最关键最核心的技术必须靠自主研发、自己发展，这实际上不是一个理论问题而是实践经验的总结。随着中兴事件及华为事件的发生，最近几年中美在科技领域呈现明显的脱钩态势，为了解决脱钩后的"卡脖子"问题，国家正式提出"2+8"安全可控体系，我国信息产业从基础硬件到基础软件再到行业应用软件迎来了国产化替代潮。由此，"信创"这个名词走入大众视野。信创是"信息技术应用创新"的简称，信创产业作为筑牢"新基建"自主、创新、安全底座的基石，从目前来看，其发展不仅能补足我国信息产业在信息和网络安全上的短板，更有助于构建国家完整的自主创新技术体系和数字经济产业体系。

信创产业包括基础软件和基础硬件。在基础软件领域，数据库作为操作系统和中间件之间承上启下的角色，尤其重要。但是，在我国国内市场占主导地位的数据库品牌是 IBM 公司的 DB2、Oracle，微软公司的 SQLServer 等。为了防止 2019 年 Oracle 公司断供委内瑞拉的情况在我国上演，我们必须要把数据库的国产自主可控替代作为一项重大任务来推进。这项重大任务需要时间和人力的持续投入才能完成，但是国外数据库巨头不会给国产数据库厂商留出这样的时间与人力。国外数据库巨头已经存在了 40 多年，Oracle 公司员工在 2019 年的数量达 13 万余人，面对这样的差距，国产数据库厂商应该如何弥补与追赶？国产数据库厂商如何才能实现弯道超车？这个问题，只有一种答案，那就是：利用开源数据库，确切地说是利用类似于 PostgreSQL 的开源数据库并对其进行贴近本土化需求的定制开发与不断迭代。只有基于 PostgreSQL 的国产数据库才能站在 PostgreSQL 这个巨人的肩膀上并保持技术的领先性。瀚高基础软件股份有限公司正是追随这样一条道路的国产数据库软件公司。HighGo Database 是基于 PostgreSQL 研发的国产数据库，与 PostgreSQL 的最新版本保持着紧密的同步。很高兴看到国内高校基于国产数据库进行管理信息系统的研发，对学生来说，这是一个接触信创产业的起点，对于整个信创大环境而言，这是一个吹响数据库软件自主可控的号角及国产数据库应用的里程碑。

3.2 HighGo Database 的安装及配置

1. 安装准备

1）操作系统

HighGo Database V5 有 Linux、Windows 两种版本，为了便于后续开发本书选择 Windows 版本，读者可以在 Windows 7、Windows 10、Windows Server 2008/12 等版本的操作系统上进行安装，本节将以 Windows 10 为例介绍 HighGo Database 的安装和使用。

2）安装文件获取

本书使用的 HighGo Database 版本为 V5.6.5 企业版（Windows），安装文件下载链接可访问瀚高技术支持平台，通过搜索文章获得（文章 ID：018611202）（见图 3.1）。该版本数据库可免费试用一年，过期后将无法使用，本书读者如需继续使用可参看文章中的解决方法。

图 3.1 瀚高技术支持平台

3）系统环境要求

HighGo Database 运行在 Visual C++ 2013 环境下，所以在安装数据库前，请确认系统环境中是否存在 Visual Studio 运行库。当系统环境中存在多个版本的运行库时，由于在安装数据库的过程中，还会安装依赖的 Visual Studio 运行库，因此会造成系统环境混乱，可能导致数据库安装失败。如果安装失败请及时检查并删除多余的 Visual Studio 运行库。

2. 安装过程

1）启动安装程序

通过瀚高技术支持平台可下载安装包 "hgdb5.6.5-enterprise-windows2012-x86-64-20191219.zip"，解压缩安装包，得到的目录结构如图 3.2 所示。

install	2021/6/2 16:35	文件夹
jdk	2021/6/2 16:35	文件夹
setup.exe	2019/12/19 16:11	应用程序

图 3.2 安装文件目录结构

由于安装程序命令需要在 Java 环境中运行,所以需要用到 JDK。在图 3.2 的 install 目录下存放的是安装程序的主程序。

双击 setup.exe 文件,出现如图 3.3 所示的安装向导的"欢迎"界面(共 8 个主要界面),该界面会显示所安装的 HighGo Database 的版本信息,单击"下一步"按钮,进入第 2 个界面。

图 3.3　"欢迎"界面

2)许可协议

第 2 个界面即"许可协议"界面,如图 3.4 所示。阅读协议后,选中"我接受协议"单选按钮,单击"下一步"按钮,进入第 3 个界面。

图 3.4　"许可协议"界面

3）选择安装目录

第 3 个界面即"选择安装目录"界面，用户可以保持默认设置，也可以直接修改安装目录或单击"浏览"按钮选择安装目录，本书将 HighGo Database 安装在 D 盘，如图 3.5 所示。注意：不建议安装目录中出现中文或特殊字符。单击"下一步"按钮，进入第 4 个界面。

图 3.5　"选择安装目录"界面

4）选择安装组件

第 4 个界面即"选择安装组件"界面，如图 3.6 所示。读者可以根据需要选择需要安装的组件，建议初学者保持默认设置。

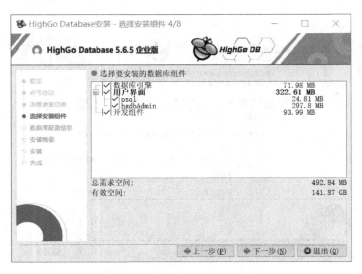

图 3.6　"选择安装组件"界面

组件说明如下:

- 数据库引擎:提供存储、访问和保护服务。它管理着用户数据的存储,为用户数据访问提供接口,并通过权限管理来保护数据安全。
- 用户界面:用于访问数据库服务的客户端工具,包括 psql 和 hgdbAdmin。
  - ➤ psql:基于命令行的数据库访问终端,用户通过 psql 可以连接到 HighGo Database,执行数据库命令,并查看执行结果。psql 还提供了很多元命令和类 shell 命令,方便编写脚本和自动执行各种任务。
  - ➤ hgdbAdmin:可缩写为 HgAdmin,用于 HighGo Database 管理和开发的图形化界面工具,是后续数据管理的主要工具。
- 开发组件:指与应用程序相关的组件,包括头文件、库文件、JDBC/ODBC 驱动等。

单击图 3.6 中的"下一步"按钮,进入第 5 个界面。

5)数据库配置信息

第 5 个界面即"数据库配置信息"界面,如图 3.7 所示。

在"基本信息"选项卡下,"数据目录"即数据文件保存的目录,"端口号"默认值为"5866","超级用户名"默认值为"highgo",这三项建议保持默认设置。用户密码必须由字母和数字组成,长度至少为 6 位,此处将"用户密码"设置为"highgo5866",请读者切勿忘记此处设置的密码。

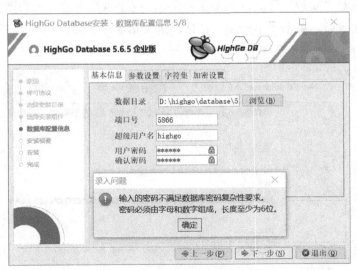

图 3.7　"数据库配置信息"界面

"参数设置"选项卡、"字符集"选项卡、"加密设置"选项卡中的各参数均建议保持默认设置,此处不再一一说明。

单击图 3.7 中的"下一步"按钮，进入第 6 个界面。

6）安装概要

第 6 个界面即"安装概要"界面，如图 3.8 所示，该界面显示了安装概要信息。单击"下一步"按钮，进入第 7 个界面。

图 3.8　"安装概要"界面

7）安装进度

第 7 个界面即"安装"界面，如图 3.9 所示，程序执行安装，大约需要等待 1 分钟。待各组件安装完成后，单击"下一步"按钮，进入第 8 个界面。

图 3.9　"安装"界面

8）完成

第 8 个界面即"完成"界面，如图 3.10 所示，单击"完成"按钮，完成安装。

图 3.10　"完成"界面

3．软件配置

1）设置环境变量

以管理员身份登录操作系统，依次单击"开始"→"运行"选项，或者使用"Win+R"组合键，调出"运行"对话框。然后在"打开"文本框中输入命令"sysdm.cpl"，单击"确定"按钮即可进入"系统属性"对话框，如图 3.11 所示。

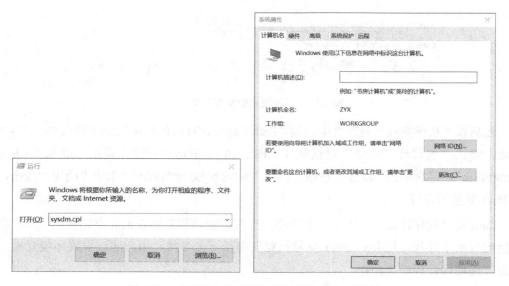

图 3.11　"运行"对话框和"系统属性"对话框

单击"系统属性"对话框中的"高级"选项卡，再单击"环境变量"按钮〔见图 3.12（a）〕，进入"环境变量"对话框〔见图 3.12（b）〕。

（a）"高级"选项卡 　　　　　　　　　（b）"环境变量"对话框

图 3.12　"高级"选项卡和"环境变量"对话框

单击"系统变量"列表框下的"新建"按钮，弹出"编辑系统变量"对话框（见图 3.13），在"变量名"文本框中输入"hgdb_home"，在"变量值"文本框中输入 HighGo Database 的安装路径，此处为"D:\highgo\database\5.6.5"，单击"确定"按钮。

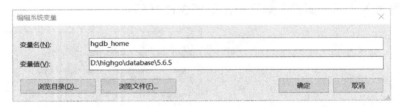

图 3.13　"编辑系统变量"对话框

然后在"系统变量"列表框中找到"Path"选项，双击该项或选中该项后单击"编辑"按钮，弹出"编辑环境变量"对话框（见图 3.14）。单击"新建"按钮，键入"%hgdb_home%\lib"，再次单击"新建"按钮，键入"%hgdb_home%\bin"，单击"确定"按钮，完成 Path 变量的设置。

Path 变量的作用是，当运行一个程序但没有指明该程序所在的完整路径时，系统除了在当前目录下寻找，还会到 Path 变量指定的路径下去寻找。用户通过设置环境变量，可以更方便地运行程序。

图 3.14　"编辑环境变量"对话框

2）修改网络访问控制

数据库安装完后，默认外部主机不能访问该数据库。若需要通过网络访问数据库，则需要修改网络访问控制。在安装目录下找到 pg_hba.conf 文件（本书该文件的具体位置为 D:\highgo\database\5.6.5\data\pg_hba.conf），使用文本编辑器（如记事本）将其打开，在

```
# IPv4 local connections:
host all all 127.0.0.1/32 md5
```

下面添加如下内容：

```
host all all 0.0.0.0/0 md5
```

除此之外需要修改数据库参数。具体操作为打开 D:\highgo\database\5.6.5\postgresql.conf 文件，搜索关键字"listen_addresses"，将"listen_addresses ='localhost'"改为"listen_addresses ='*'"，保存文件后退出。

4．管理工具 HgAdmin

1）数据库连接

成功安装 HighGo Database 后可以使用数据库自带的管理工具 HgAdmin 连接并使用数据库，双击桌面上的"HighGo DB System 5.6.5"快捷图标即可打开 HgAdmin。在首次使用 HgAdmin 时会弹出"创建新连接"窗口，如图 3.15 所示。

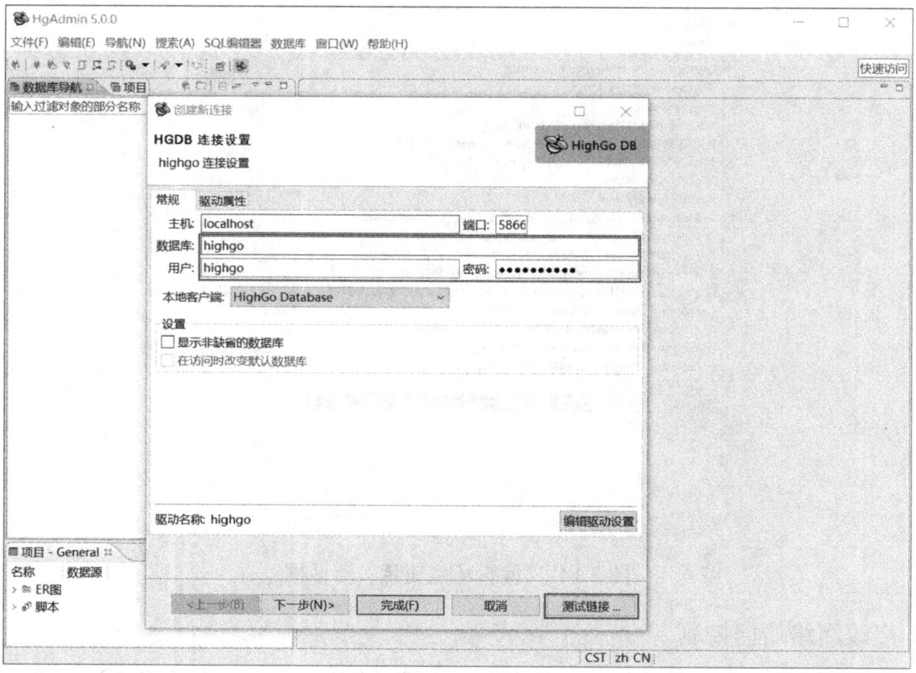

图 3.15 "创建新连接"窗口

根据安装过程中的设置，"用户"文本框应被设置为"highgo"，"密码"文本框应被设置为"highgo5866"。完成相应设置后单击"测试连接①"按钮，若弹出"连接错误"窗口（见图 3.16），则可能是由于未开启数据库服务，需要启动 HighGo Database 服务进程。

图 3.16 "连接错误"窗口

数据库服务有两种开启方法。

（1）方法一：命令行方式。

打开命令行窗口，输入如下命令：

```
pg_ctl start -D D:\Highgo\database\5.6.5\data
```

———————————

① 软件图中"测试链接"的正确写法为"测试连接"。

若出现如图 3.17 所示错误信息，则说明参数"maintenance_work_mem"参数的值超出了有效范围，该参数是与垃圾回收相关的内存参数，其有效范围是[1,2048)，单位为 MB。此时，在安装目录下找到对应的配置文件 postgresql.conf（本书该文件的具体位置为 D:\highgo\database\5.6.5\data\postgresql.conf）。打开文件，找到"maintenance_work_mem"参数，将其值修改为有效值即可，此处将其改为"1024MB"。保存修改后的配置文件，重启服务器即可成功开启数据库服务。

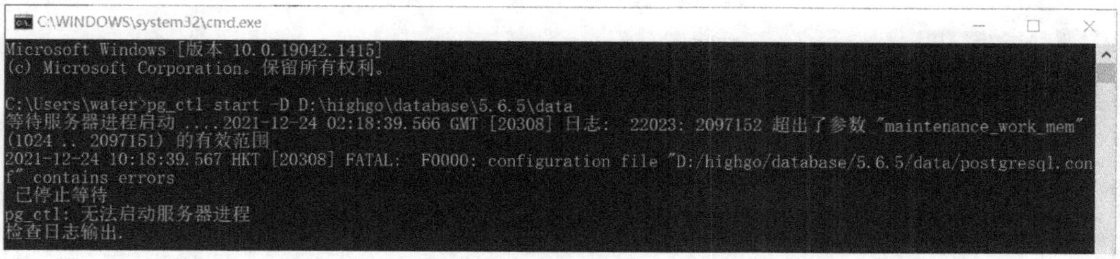

图 3.17　开启数据库服务报错信息

（2）方法二：服务管理器。

右击桌面上的"此电脑"图标，在弹出的快捷菜单中选择"管理"选项（见图 3.18），弹出"计算机管理"窗口。

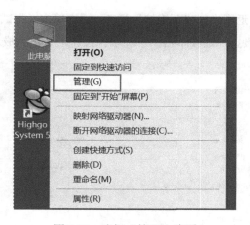

图 3.18　选择"管理"选项

在"计算机管理"窗口左侧的导航栏中依次选择"服务和应用程序"→"服务"选项，在"服务"列表中找到 HighGo Database 对应的服务"hgdb-se5.6.5"，双击该选项，弹出"hgdb-se5.6.5 的属性"对话框（见图 3.19），单击"启动"按钮，即可开启数据库服务。

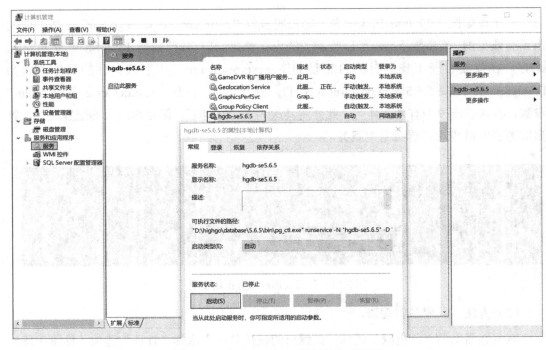

图 3.19　"hgdb-se5.6.5 的属性"对话框

　　开启数据库服务后，返回"创建新连接"窗口，再次单击"测试连接"按钮即可连接成功（见图 3.20），保持默认设置，连续单击"下一步"按钮，直至完成。

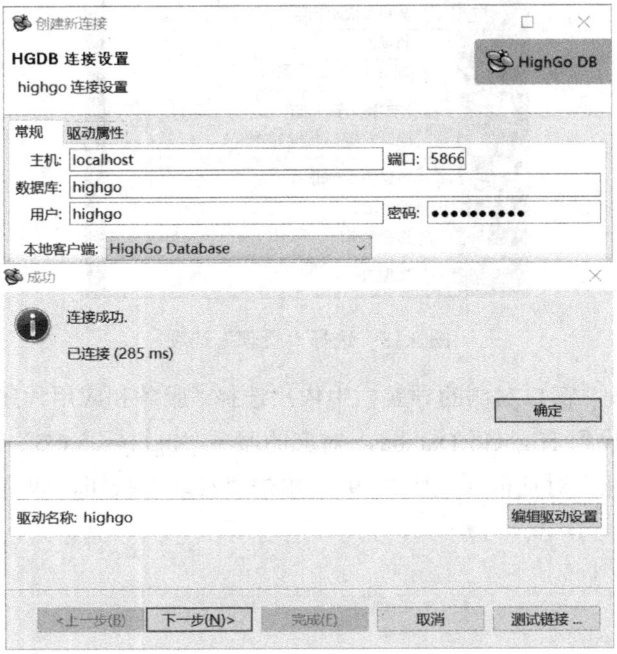

图 3.20　数据库连接成功界面

2）HgAdmin 简介

成功连接数据库后进入 HgAdmin 主界面，如图 3.21 所示。

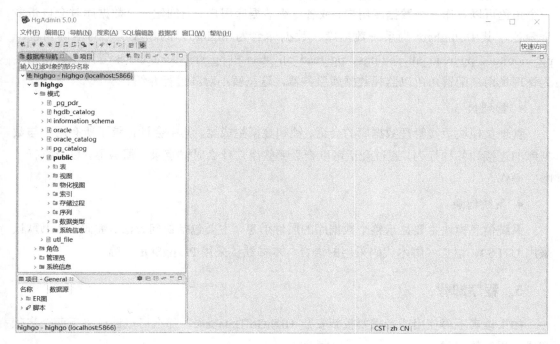

图 3.21　HgAdmin 主界面

在 HgAdmin 的"数据库导航"窗格中，一个数据库（如 highgo）下共有四个模块：模式、角色、管理员和系统信息。

● 模式

一个数据库包含一个或多个已命名的模式，模式又包含表、视图、索引、存储过程等数据库对象，使用模式的好处如下：

➤ 模式类似于操作系统中的文件夹，可以将数据库对象组织成逻辑组，便于对它们进行管理。

➤ 同一个对象名可以在不同的模式中使用，不会发生冲突，当需要对某个数据库对象进行操作时，只需要在对象名前加上"模式名."即可。

➤ 可以为不同的用户分配不同模式的操作权限，因此允许多个用户使用一个数据库而不会相互干扰。

当创建一个数据库时会自动创建多个模式，如 pg_catalog、oracle、public 等，其中 pg_catalog 模式包含系统表和所有内置数据类型、函数、操作符；public 模式为默认模式，当不指定模式名时所操作的数据库对象为 public 模式中的对象。

- 角色

在 HighGo Database 中，使用角色来管理数据库访问权限。根据角色自身设置的不同，一个角色可以看作一个数据库用户，或者一组数据库用户。当创建一个数据库时会自带多个角色，其中 highgo 为系统数据库（数据库名为 highgo）的超级用户对应的角色，pg_monitor、pg_read_all_settings、pg_read_all_stats 和 pg_stat_scan_tables 等角色的作用是为管理员用户配置角色以监视数据库服务器，这里暂不对其进行介绍。

- 管理员

管理员模块负责管理数据库的会话、锁和数据生成器，其中会话记录了所有用户与数据库的连接和各种行为，通过会话可以查看哪些用户什么时候登录了服务器，以及执行了哪些操作。

- 系统信息

系统信息模块主要显示整个数据库的属性信息，主要包括访问方法、编码（本书默认采用 UTF8）、语言（脚本代码采用的语言，本书默认采用 PL/pgSQL）等。

5．程序卸载

如果读者不再使用或者需要重新安装 HighGo Database，那么可以通过以下两个步骤完成对程序的卸载。

1）卸载数据库主程序

在"开始"菜单中找到 HighGo Database 的程序列表，单击"Uninstall HighgoDB System"选项（卸载工具），如图 3.22 所示。

图 3.22　HighGo Database 卸载工具菜单

进入卸载 HighGo Database 向导界面（见图 3.23），单击"下一步"按钮。

图 3.23　卸载 HighGo Database 向导界面

如果数据库服务正在运行，那么将弹出如图 3.24 所示提示框，单击"是"按钮关闭数据库服务，方可继续卸载。

图 3.24　关闭数据库服务提示框

单击"下一步"按钮，进入下一个界面。默认不勾选"删除数据文件"复选框。如果勾选了"删除数据文件"复选框，那么单击"下一步"按钮后将弹出如图 3.25 所示提示框。单击"确定"按钮后，将在卸载数据库后清除数据文件（谨慎选择，建议备份 data 目录）。

图 3.25　删除数据文件提示框

单击"下一步"按钮进入卸载界面，如图 3.26 所示，单击"卸载"按钮，开始卸载。

图 3.26　卸载界面

卸载完成后显示如图 3.27 所示界面，单击"确定"按钮完成卸载。

图 3.27　卸载完成界面

2）删除安装目录

HighGo Database V5.6.5 主程序被卸载后，其安装目录 D:\highgo\database\5.6.5 仍然存在，为了彻底完成数据库卸载，还需要用户手动删除该目录。需要注意的是，由于用户在使用数据库的过程中会生成一些数据，该目录存储了这些数据，所以强烈建议在删除该目录前对数据文件进行备份，以防止数据丢失后无法找回。

3.3　系统数据准备

本节将介绍如何使用 HighGo Database 来管理基本的数据库对象，并为后续选课系统的开发进行数据准备。HighGo Database 提供了两种与数据库交互的方式：界面方式和命令方式，本节将分别介绍如何使用这两种方式来管理各类数据库对象。

3.3.1　数据库的创建

1．用界面方式创建数据库

用打开 HgAdmin，右击"数据库导航"窗格中的"highgo"选项，在弹出的快捷菜单中选择"新建数据库"选项（见图 3.28）。

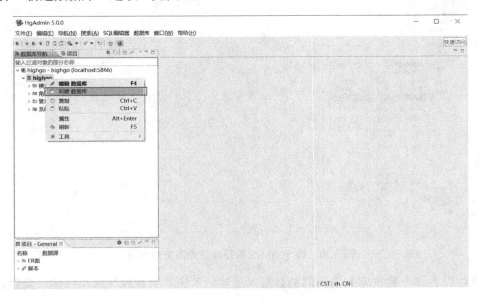

图 3.28　创建数据库

弹出"创建数据库"窗口（见图 3.29），在"数据库名"文本框中输入选课系统的英文缩写"SCSMIS"，将"模板数据库"设置为"template0"，其他参数保持默认值即可。单击"确定"按钮完成数据库的创建。"模板数据库"有 template0 和 template1 两个选项，这意味着新数据库将通过复制这两个标准系统数据库来创建。其中，template0 是一个纯净的只包括 HighGo Database 预定义的标准对象的数据库，template1 在 template0 的基础上增加了用户本地安装对象。

图 3.29　"创建数据库"窗口

在"数据库导航"窗格中右击新建的 SCSMIS 数据库（见图 3.30），在弹出的快捷菜单中选择"设为活动对象"选项即可将 SCSMIS 数据库设为当前数据库，否则将无法对该数据库进行操作。

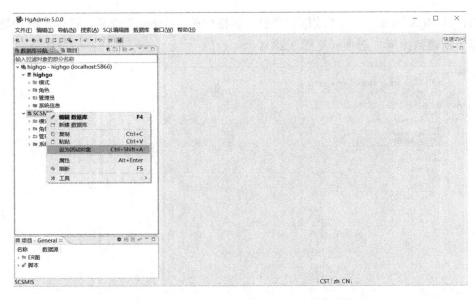

图 3.30　将 SCSMIS 数据库设为当前数据库

也可以为每个数据库创建不同的数据库连接，单击"数据库"菜单中的"新建连接"选项（见图 3.31），打开"创建新连接"窗口，输入数据库名称（此处为"SCSMIS"）、用户名、密码（"用户名"文本框、"密码"文本框的设置与图 3.15 中的设置相同）即可。

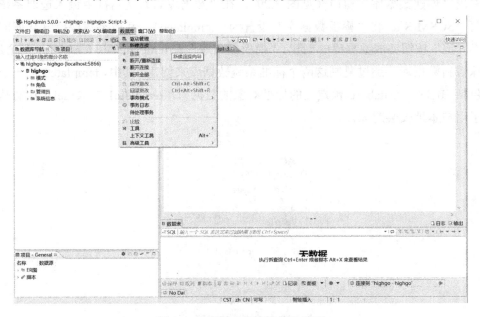

图 3.31　单击"新建连接"选项

创建了 SCSMIS 数据库连接后，"数据库导航"窗格中会出现两个数据库连接。用户可以通过单击"选择数据源"下拉按钮，在弹出的"选择数据源"窗口中选择当前连接的数据源的数据库（见图 3.32）。

图 3.32   "选择数据源"窗口

2. 用命令方式创建数据库

除使用界面方式外，作为数据库的开发者，还需学习使用 SQL 语句对数据库对象进行管理。首先打开 HgAdmin 并登录 highgo 数据库，单击"SQL 编辑器"菜单下的"新建 SQL 编辑器"选项（见图 3.33），打开 SQL 编辑器，用户可以在该编辑器中输入 SQL 语句与数据库交互。

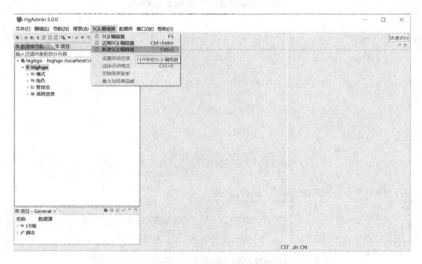

图 3.33   单击"新建 SQL 编辑器"选项

创建数据库的基本语法如下：

```
CREATE DATABASE database_name
    [[WITH][OWNER[=]user_name]]
        [TEMPLATE[=]template_name]
        [ENCODING[=]encoding]
        [TABLESPACE[=]tablespace_name]
```

其中，database_name 是要创建的数据库名称，OWNER 参数用于指明数据库的所有者，若没有指明，则数据库的创建者即数据库的所有者，如以超级管理员"highgo"身份登录数据库并创建了新数据库 SCSMIS，并没有特别指明数据库的所有者，则新数据库的所有者默认为"highgo"。TEMPLATE、ENCODING、TABLESPACE 分别指数据库模板、编码及所在表空间，可参考界面方式中的设置进行设置。作为初学者，读者只要会使用最基本的语法来创建数据库即可，随着学习的深入再逐渐熟悉这些可选的参数。

在 SQL 语法中，被中括号括起来的部分是可选的，其他内容是必须填写的。在 HighGo Database 中，SQL 语句不区分大小写，本书为了以示区别，SQL 语句中的关键字都为大写，请读者知悉。

可以使用如下语句创建选课系统数据库：

```
CREATE DATABASE SCSMIS;
```

在 SQL 编辑器中输入 SQL 语句并选中，单击"执行 SQL 语句"按钮即可执行该语句。语句执行完毕，"统计"栏中会出现执行结果信息（见图 3.34）。如果语句执行出错，将弹出错误提示框。

图 3.34　在 SQL 编辑器中输入并执行 SQL 语句

若要删除 SCSMIS 数据库，则可以使用如下语句：

```
DROP DATABASE SCSMIS;
```

3.3.2　数据表的创建

选课系统的表结构在第 2 章已经确定，接下来需要在 SCSMIS 数据库中创建这些数据表。本节以学院表（t_college）为例进行说明，具体如表 3.1 所示。

表 3.1　学院表（t_college）字段说明

字段描述	字段名	数据类型	长度	是否为空	初值	键型	备注
学院编号	f_college_id	varchar	2	not null		PK	
学院名称	f_name	varchar	50	not null		UQ	
备注信息	f_memo	varchar	200	null			

1．用界面方式创建数据表

打开管理工具 HgAdmin 并连接到 SCSMIS 数据库，在"数据库导航"窗格中依次单击"SCSMIS"→"模式"→"public"选项，右击"表"选项，在弹出的快捷菜单中选择"新建表"选项，如图 3.35 所示，进入新建表界面。

图 3.35　新建表

新建表的表名默认为"newtable"，此处将其修改为"t_college"（见图 3.36）。

在"字段"列表的空白处右击，在弹出的快捷菜单中选择"新建字段"选项，弹出"编辑属性"窗口（见图 3.37）。

图 3.36　修改表名和新建字段

在"编辑属性"窗口中，输入属性名称并设置各属性，完成后，单击"确定"按钮即可完成字段的添加。

图 3.37　"编辑属性"窗口

"编辑属性"窗口中可以设置的属性如下：

● 数据类型：设定字段的数据类型，包括字符型、数值型、布尔型等。

HighGo Database 常用数据类型如表 3.2 所示。

表 3.2 HighGo Database 常用数据类型

数据类型	存储空间	说明
character(n)/char(n)	n 字节	定长字符串，长度不可超过 n，不足 n 个字符时用空白填充
varchar(n)/character varying(n)	按实际使用计算	变长字符串，最大长度为 n
text	按实际使用计算	变长字符串，不限长度
boolean	1 字节	布尔型，可以有三种状态：True、False、null
bytea	4 字节+实际长度	变长二进制数据
smallint/int2	2 字节	整数，范围为 $-2^{15} \sim 2^{15}-1$
int/int4/integer	4 字节	整数，范围为 $-2^{31} \sim 2^{31}-1$
bigint/int8	8 字节	整数，范围为 $-2^{63} \sim 2^{63}-1$
numeric[(p,s)]/decimal[(p,s)]	可变长度	定点小数，p 表示精度（包括小数点左侧和右侧的数值位数之和），s 表示小数点右侧的最大位数
real/float4	4 字节	单精度浮点数
double precision/float8	8 字节	双精度浮点数
smallserial	2 字节	小范围自增整数，范围为 1～32767
serial	4 字节	自增整数，范围为 1～2147483647
bigserial	8 字节	大范围自增整数，范围为 1～9223372036854775807
timestamp	8 字节	日期和时间，精确到毫秒
date	4 字节	仅用于日期（年月日），从公元前 4713 年到公元 294276 年
time	8 或 12 字节	仅用于一日内的时间，精度为 1 微秒；当不带时区时占用 8 个字节，带时区时占用 12 个字节

- 长度：字段的最大长度。
- 精度：有效位数，为小数点左侧和右侧的数值位数之和。
- 标度：小数点右侧的最大位数，即小数位数。
- identity：标识列，即字段的值从 1 开始每次自增 1，只有当前字段的数据类型为整型（smallint、int、bigint 等）时才可选择。其下拉列表中有两个选项，一个选项为 ALWAYS 列表，表示总是使用系统自动生成的自增值，不能使用用户指定的字段值；另一个选项为 BY DEFAULT，表示可以使用用户指定的字段值，若没有指定字段值，则使用系统自动生成的自增值。
- 非空：勾选后要求该字段值不允许为空，不勾选则允许该字段值为空。
- 默认值：是指该字段的默认值，若用户没有指定该字段值，则其值为设置的默认值。
- 描述：对该字段的解释说明。

按照数据库设计，依次添加学院表（t_college）的各字段，单击界面右下角的"保存"按钮，保存对表的修改。如果需要回到上次保存的状态，那么可以单击"还原"按钮（见图 3.38）。在修改表的过程中，如果未保存，那么该表的标签页标题前会出现星号（"*"）

标记，提示用户及时进行保存。

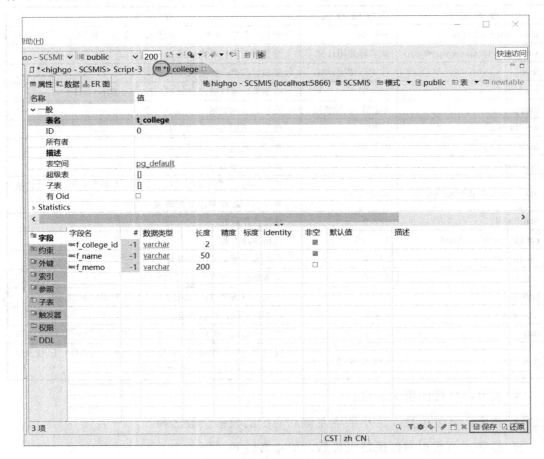

图 3.38　添加属性并保存

单击"保存"按钮后，弹出"执行修改"窗口（见图 3.39）。该窗口显示了对应的建表 SQL 语句，单击"执行"按钮即可完成对数据表的创建。用户也可以单击"拷贝"按钮，然后在 SQL 编辑器中粘贴 SQL 语句并执行。

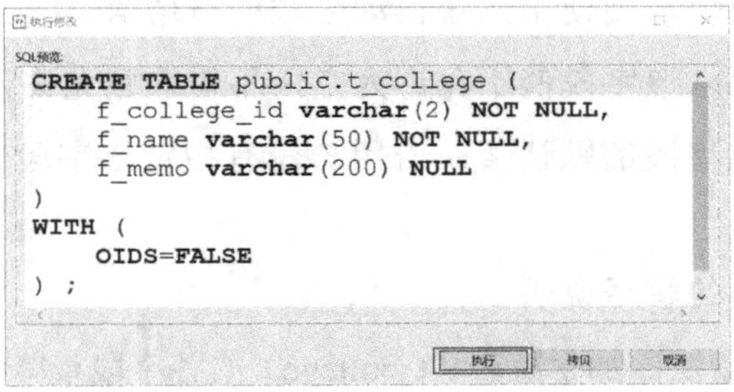

图 3.39　"执行修改"窗口

如果需要对已创建的表进行编辑、重命名或删除等操作，只需在"数据库导航"窗格下右击该表，在弹出的快捷菜单中选择对应的菜单项即可（见图 3.40），此处不再赘述。

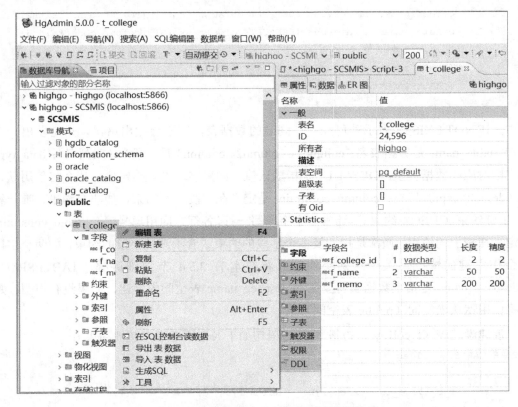

图 3.40　表的编辑、重命名和删除等菜单项

对于表中的字段也可以进行编辑、删除和重命名等操作（见图 3.41），请读者自己动手实践。

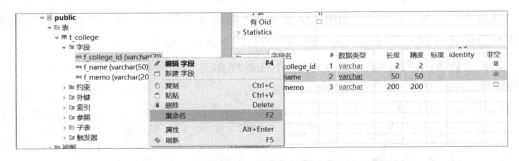

图 3.41　字段的编辑、重命名和删除等菜单项

2．用命令方式创建数据表

创建数据表的基本语法如下：

```
CREATE TABLE [IF NOT EXISTS] table_name
(
        column_name1 data_type1 [DEFAULT default_expr1] [column_constraint1],
        column_name2 data_type2 [DEFAULT default_expr2] [column_constraint2],
        column_name3 data_type3 [DEFAULT default_expr3] [column_constraint3],
        … …
        [table_constraint]
        [TABLESPACE tablespace_name]
)
```

其中，**IF NOT EXISTS** 表示若已经存在同名的数据表，则不会抛出错误，只是发出一个通知。table_name 是数据表名；column1、column2、column3 是字段名（或列名）；data_type 是字段对应的数据类型；DEFAULT 是指默认值，如果字段没有指定值，那么将使用默认值（default_expr）填充；column_constraint 是定义在字段上的约束，如非空约束、唯一约束、主键约束、CHECK 约束等。通常一个字段写一行，各行之间用逗号隔开。table_constraint 是定义在表上的约束，通常是指涉及多个字段的约束或者不涉及字段的约束，如两个字段联合作主键的情况。关于这两类约束，将在本书 3.3.4 节详细讲解。TABLESPACE tablespace_name 是指定数据表将要在 tablespace_name 表空间内创建，如果没有声明，那么将使用默认表空间（public 表空间）。

创建学院表（t_college）的基本 SQL 语句如下（暂不考虑完整性约束）：

```
CREATE TABLE t_college
(
        f_college_id    varchar(2)      NOT NULL,
        f_name          varchar(50)     NOT NULL,
        f_memo          varchar(200)
);
```

实际上，创建数据表的 SQL 语句比上述语句复杂得多，为了便于读者掌握，这里仅给出最基本的语法，如果读者想深入学习请参考瀚高数据库开发手册。在本书中，其他数据库对象管理的 SQL 语法也仅给出最基本的语法，请读者知悉。

如果要修改已创建的表，可以使用 ALTER TABLE 语句，其基本语法如下：

```
ALTER TABLE [IF NOT EXISTS] table_name
        RENAME TO new_table_name                                    |
        ADD [COLUMN] column_name data_type [column_constraint]      |
        DROP [COLUMN] column_name                                   |
        ALTER [COLUMN] column_name TYPE data_type                   |
        RENAME [COLUMN] column_name TO new_column_name              |
        ALTER [COLUMN] column_name SET column_constraint            |
        ALTER [COLUMN] column_name DROP column_constraint           |
```

常见的修改表的操作包括：

- 修改表名，如：

```
ALTER TABLE t_college RENAME TO t_test;
```

- 增加一个字段，如：

```
ALTER TABLE t_college ADD COLUMN f_test int NOT NULL;
```

- 删除一个字段，如：

```
ALTER TABLE t_college DROP COLUMN f_test;
```

- 修改字段的数据类型，如：

```
ALTER TABLE t_college ALTER COLUMN f_test TYPE varchar(20);
```

- 修改字段的名称，如：

```
ALTER TABLE t_college RENAME COLUMN f_test TO f_temp;
```

- 给字段添加约束，如：

```
ALTER TABLE t_college ALTER COLUMN f_test SET NOT NULL;
```

- 给字段删除约束，如：

```
ALTER TABLE t_college ALTER COLUMN f_test DROP NOT NULL;
```

若需要删除已创建的表，则可以使用如下 SQL 语句：

```
DROP TABLE [IF NOT EXISTS] table_name [CASCADE|RESTRICT]
```

其中，CASCADE 关键字表示级联删除依赖于表的对象（如视图），而 RESTRICT 表示若存在依赖对象，则拒绝删除该表，这是默认行为。

3.3.3　操作表中的记录

对表中记录的操作包括插入、修改、删除、查询四类，本节将分别介绍这四类操作的界面方式和命令方式。

1．用界面方式操作表中的记录

1）插入操作

当需要往表中插入记录时，需要在"数据库导航"窗格中右击该表（这里是 t_college），在弹出的快捷菜单中依次选择"生成 SQL"→"INSERT"选项（见图 3.42），弹出"生成的 SQL"窗口（见图 3.43），该窗口会显示生成的基本的插入语句，单击"拷贝"按钮对 SQL 语句进行复制。

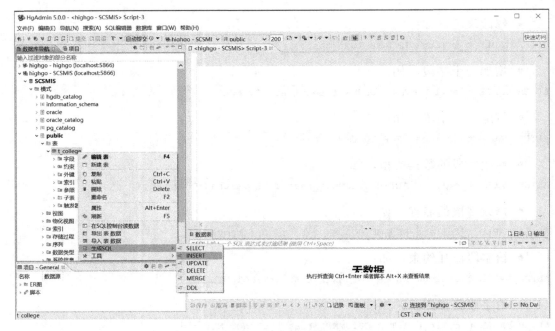

图 3.42 选择"生成 SQL"选项

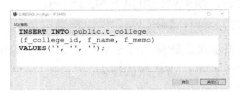

图 3.43 "生成的 SQL"窗口

在 SQL 编辑器中粘贴刚刚复制的 SQL 语句，在相应位置输入待插入的学院信息（见图 3.44）。由于学院编号（f_college_id）、学院名称（f_name）、备注（f_memo）都为字符型，所以相应字段值使用单引号引起来。若字段的数据类型为数值型，则不需要使用单引号。单击"执行 SQL 语句"按钮即可完成该条学院记录的添加。

这种插入记录的方式是半界面半命令的方式，不够直观、简便，后续的 HighGo Database 版本将会对此进行改进，期待读者的使用。按照以上方式，可以完成其他学院记录的插入。

如果需要查看表中已插入的数据，可以在"数据库导航"窗格中右击该表，在弹出的快捷菜单中选择"在 SQL 控制台读数据"选项（见图 3.45），将进入表数据显示界面。

图 3.44 粘贴 SQL 语句并插入相应信息

图 3.45 选择"在 SQL 控制台读数据"选项

表数据显示界面其实是一个新建的 SQL 编辑器，SQL 编辑框中是数据查询语句，界面下方显示的是数据列表（见图 3.46）。单击界面中间的向上/向下箭头按钮将显示或隐藏 SQL 脚本，单击界面下方的"网格"按钮和"文本"按钮将切换至不同的显示方式。图 3.47 所示为表数据的文本显示方式。

图 3.46　表数据显示界面

图 3.47　表数据的文本显示方式

2）修改操作

如果需要对记录进行修改，可以像插入操作一样通过先生成修改操作的 SQL 语句然后执行 SQL 语句实现；也可以使用界面方式实现，即在表数据显示界面中，双击需要修改的字段值（见图 3.48）进入修改状态，输入要修改的值，完成修改后，单击左下角的"保存"按钮。如果单击"取消"按钮，那么记录将回到上次保存的状态。

图 3.48　双击需要修改的字段值

3）删除操作

如果需要删除记录，可以在表数据显示界面中选中要删除的记录后，右击，在弹出的快捷菜单中选择"删除"选项（见图 3.49），此时被选中的记录将会被标记为删除状态（见图 3.50），单击"保存"按钮，即可删除该记录。

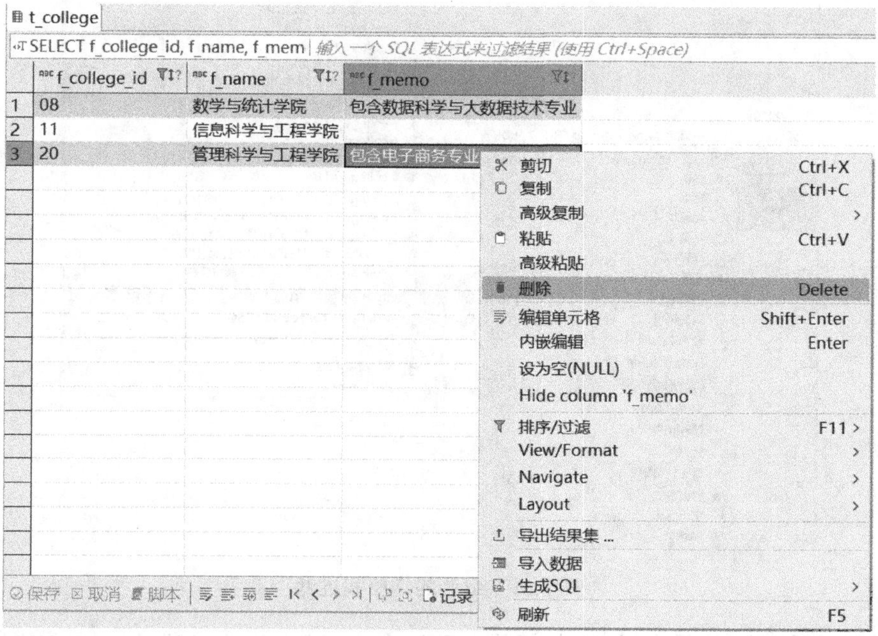

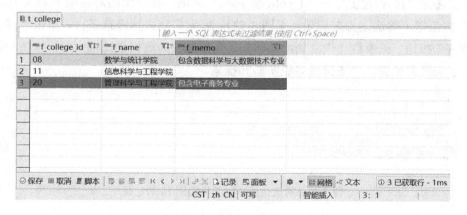

图 3.49　选择"删除"选项

图 3.50　记录被标记为删除状态

4）查询操作

数据查询的基本操作为在"数据库导航"窗格中右击该表，在弹出的快捷菜单中选择"在 SQL 控制台读数据"选项。对于查询出来的数据集可以进行排序、过滤操作。右击数据表中的某列（如 f_college_id），在弹出的快捷菜单中选择相应选项即可按照该列对记录进行排序或筛选（见图 3.51）。其中，"Order by f_college_id ASC"选项表示按照 f_college_id 字段升序排列，"Order by f_college_id DESC"选项表示按照 f_college_id 字段降序排列。

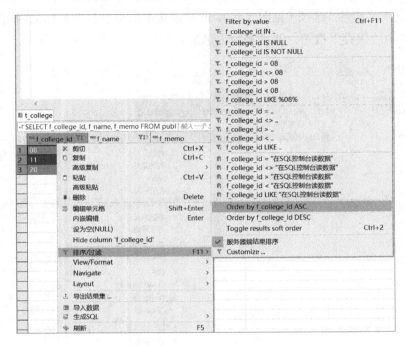

图 3.51　记录的排序和过滤

如果要筛选学院编号大于 10 的记录，可以右击"f_college_id"列，在弹出的快捷菜单中依次选择"排序/过滤"→"f_college_id>.."选项，在弹出的对话框中输入 10，单击"确定"按钮即可筛选出指定记录（见图 3.52）。如果需要去掉筛选条件，单击"移除所有过滤/排序"按钮，记录将会恢复到原始状态。当数据表的数据量比较大时，排序和过滤功能将会带来很大便捷，希望读者多做实验和探索。

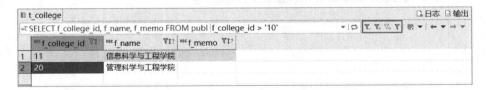

图 3.52　筛选出的学院编号大于 10 的记录

2．用命令方式操作表中的记录

1）插入操作

插入记录的基本语法如下：

```
INSERT INTO table_name[(column_name[, ...])]
```

```
VALUES(expression[, ...])[,(expression[, ...])]
```

要插入一条数学与统计学院的记录，可以用如下语句：

```
INSERT INTO t_college VALUES('08', '数学与统计学院', '包含数据科学与大数据技术专业');
```

也可以用如下语句：

```
INSERT INTO t_college(f_college_id, f_name, f_memo)
VALUES('08', '数学与统计学院', '包含数据科学与大数据技术专业');
```

注意，字段名列表（表名后的括号中的内容）要与表达式列表（VALUES 后面的括号中的内容）一一对应。

使用 INSERT 语句还可以一次插入多条记录，如一次插入两个学院的记录：

```
INSERT INTO t_college VALUES('11', '信息科学与工程学院', ''),
                            ('20', '管理科学与工程学院', '');
```

2）修改操作

修改记录的基本语法如下：

```
UPDATE table_name
SET {column_name = expression [, ...]        |
    (column_name[, ...]) = (expression[, ...]) }
WHERE condition
```

将学院编号为 20 的学院名称改为"商学院"，可使用如下语句：

```
UPDATE t_college SET f_name = '商学院' WHERE f_college_id='20';
```

将学院编号为 20 的学院名称改为"商学院"，并将其备注改为"无"，可使用如下语句：

```
UPDATE t_college SET f_name = '商学院', f_memo = '无'
WHERE f_college_id='20';
```

还可以使用如下语句：

```
UPDATE t_college SET (f_name,f_memo) = ('商学院', '无')
WHERE f_college_id='20';
```

注意，字段名列表和字段值列表都要用小括号括起来。

3）删除操作

删除记录的基本语法如下：

```
DELETE table_name
WHERE condition
```

删除学院编号为 20 的学院，可使用如下语句：

```
DELETE t_college WHERE f_college_id='20';
```

需要注意的是，如果不加 WHERE 条件将删除表中所有记录，请谨慎使用。另外，对表中的数据进行添加、修改、删除操作时不应违反已定义的约束。例如，一个学院中已有学生和教师，则该学院不应被删除。

4）查询操作

使用 SQL 命令查询数据的操作方式与插入、修改、删除操作类似，但其 SQL 语法较复杂，由于篇幅有限，此处不再进行详细介绍。

3.3.4　数据完整性

数据完整性是指数据的正确性和相容性，是对数据库中数据规定的约束。本节将分别介绍实体完整性、参照完整性和自定义完整性。

1．用界面方式定义数据完整性

1）实体完整性

数据表中的记录对应于现实世界中的实体，而实体之间是可以相互区分的，所以数据表中的记录也需要相互区分，这就是实体完整性。在数据库中，通过在表中定义主键来实现实体完整性。

在表的编辑界面中单击"约束"标签，可以查看该表已有约束（见图 3.53）。在约束列表空白处右击，在弹出的快捷菜单中选择"新建约束"选项，将弹出"添加约束"窗口（见图 3.54）。

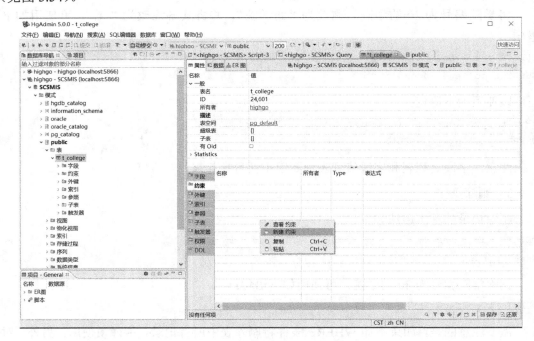

图 3.53　查看/新建约束

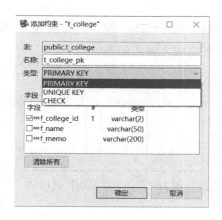

图 3.54　"添加约束"窗口

在"添加约束"窗口中，需要设置如下参数：

- 名称：指约束的名称，系统会自动命名，用户也可以自定义名称。
- 类型：包括三种类型，主键约束（PRIMARY KEY）、唯一约束（UNIQUE KEY）和检查约束（CHECK）。
- 字段：指明约束定义在哪个或哪些字段上，只有在类型为主键约束或唯一约束时，才需要设置此参数。

这里要定义主键约束，所以将"类型"设置为"PRIMARY KEY"；"名称"被系统自动命名为"t_college_pk"，其中"pk"为"PRIMARY KEY"的缩写；在"字段"列表中勾选作为主键的字段"f_college_id"，若主键是由多个字段组成的，则需要勾选多个字段。

设置完毕后单击"确定"按钮，即可成功创建主键。返回约束列表，将显示所建约束信息，如图 3.55 所示。

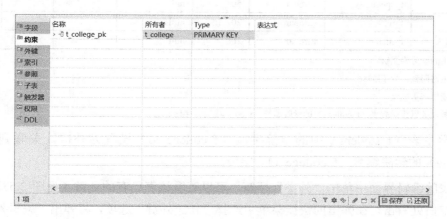

图 3.55　已建约束信息

单击"保存"按钮，弹出"执行修改"窗口，如图 3.56 所示，预览创建主键的 SQL 语句，单击"执行"按钮即可完成主键的创建。

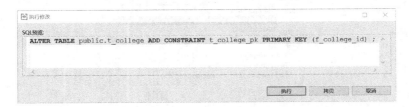

图 3.56 "执行修改"窗口

2）参照完整性

参照完整性要求表中的记录不可以引用不存在的记录，所以参照完整性又称为引用完整性，其目的是保证数据的一致性。例如，在学生表（t_student）中，每个学生所属学院都应该是学院表（t_college）中的某个学院，而不能是学院表中不存在的学院。在数据库中，通过在表中定义外键来实现参照完整性。

以学生表（t_student）为例进行说明，具体如表 3.3 所示。

表 3.3 学生表（t_student）字段说明

字段描述	字段名	数据类型	长度	是否为空	初值	键型	备注
学号	f_stu_id	varchar	12	not null		PK	①
密码	f_password	varchar	50	not null	123456		②
姓名	f_name	varchar	50	not null			
性别	f_sex	varchar	1	not null			③
出生日期	f_birth	date		null			
入学年份	f_enroll_year	smallint		null			
学院	f_college_id	varchar	2	not null		FK	④
专业	f_speciality	varchar	50	null			
电话	f_tel	varchar	20	null			
备注信息	f_memo	varchar	200	null			

① 学生的学号为主键。

② 学生密码默认为 123456。

③ 只能填写男或女。

④ 外键，关联到学院表（t_college）的学院编号（f_college_id）字段。

将学生表（t_student）中的学院字段（f_college_id）设置为外键，关联到学院表（t_college）的学院编号（f_college_id）字段。

在表的编辑界面中单击"外键"标签，可以查看该表已有的外键（见图 3.57）；在外键列表空白处右击，在弹出的快捷菜单中选择"新建外键"选项，将弹出"编辑外键"窗口（见图 3.58）。

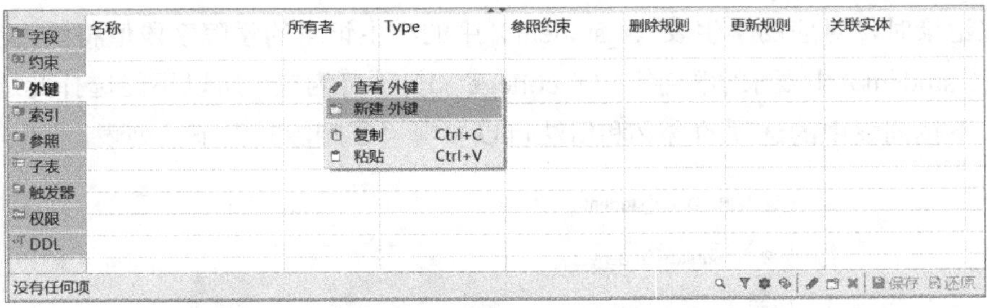

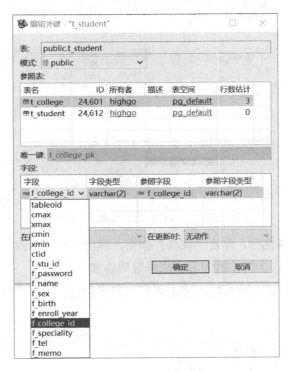

图 3.57　查看/新建外键

图 3.58　"编辑外键"窗口

　　选中"编辑外键"窗口中的"参照表"列表中的学院表（t_college），将其作为参照表，此时，将"字段"（外键字段）设为"f_college_id"［来自学生表（t_student）］，将"参照字段"也设为"f_college_id"［来自学院表（t_college）］。在设置学生表（t_student）的其他字段为外键时，从字段下拉列表中选择相应字段即可。注意：外键字段和参照字段的名称可以不一样，但数据类型必须一致。

　　"在删除时"下拉列表中的选项（见图 3.59）是当参照表（t_college）中的记录被删除时本表（t_student）所做的动作，其中，"无动作"是指当删除一条学院记录时，若学生表（t_student）中有与该学院关联的记录，则删除操作将被拒绝；"级联"是指当删除一条学院记录时，对应的学生表（t_student）中的学生记录将一并被删除；"设为空"是指当删除一条学院记录时，对应的学生表（t_student）中的学生记录的学院字段值将设为空，由于学生表（t_student）中要求学院字段（f_college_id）不可为空，所以不能选择此选项。"在更新时"下拉列表中的选项的含义和用法可以参考"在删除时"下拉列表。

图 3.59　参照表删除和更新时的动作

设置好外键的各属性后，单击"保存"按钮，弹出"执行修改"窗口，预览添加外键的 SQL 语句，单击"执行"按钮即可完成外键的添加。

外键添加完毕后，可以在外键列表中查看已添加的外键，并可以对外键进行编辑、删除等操作（见图 3.60）。

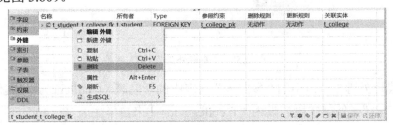

图 3.60　外键的编辑、删除等操作

3）自定义完整性

自定义完整性约束主要包括非空约束、唯一约束和 CHECK 约束三类。

（1）非空约束。

非空约束（NOT NULL）是指表中的某一个字段的内容不允许为空值，可以在新建表时的"编辑属性"窗口中勾选（见图 3.61 左图），也可以在已建表的字段列表中进行设置（见图 3.61 右图）。

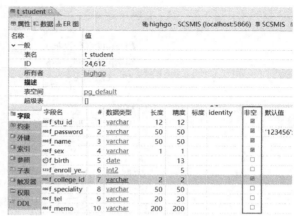

图 3.61　设置非空约束

（2）唯一约束。

唯一约束（UNIQUE KEY）要求指定字段的值不可重复。例如，在学院表（t_college）中，学院名称（f_name）不允许重复，可以通过在"添加约束"窗口中将"类型"设置为"UNIQUE KEY"，将"字段"设置为"f_name"来实现，如图 3.62 所示。

图 3.62　设置唯一约束

（3）CHECK 约束。

CHECK 约束是指约束表中某一个或者某些字段中可接受的数据值或者数据格式。例如，学生表（t_student）中性别（f_sex）只能为"男"或"女"，课程表（t_course）中学分（f_credit）只能为 0～10 等。通过在"添加约束"窗口中，将"类型"设置为"CHECK"，在"Expression"文本框中输入条件表达式即可实现 CHECK 约束，如图 3.63 所示。

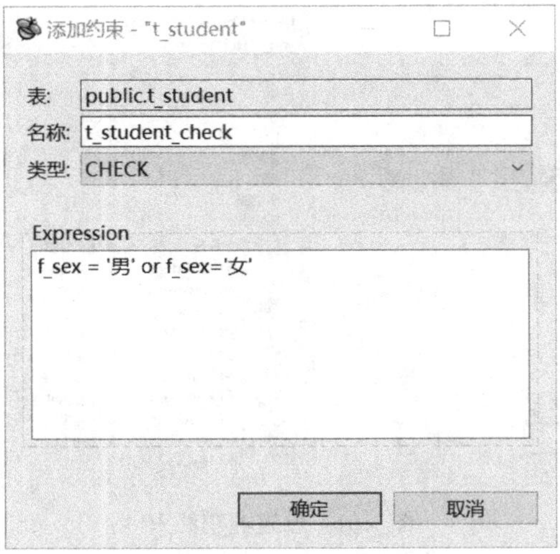

图 3.63　设置 CHECK 约束

2．用命令方式定义数据完整性

通过命令方式定义数据完整性，既可以在创建表时进行，也可以在创建表后通过添加约束的方式进行。

在创建表后添加命名约束的基本语法为：

```
ALTER TABLE table_name ADD CONSTRAINT constraint_name constraint_expression
```

其中，table_name 为表名；constraint_name 为约束名；constraint_expression 为约束表达式，不同的约束类型对应的表达式有所不同。

1）实体完整性

在命令方式中，实体完整性是通过 **PRIMARY KEY** 子句完成的，这里分别介绍创建表时和创建表后两种情况。

（1）创建表时定义主键。

● 单字段作主键的情况。

以学院表（**t_college**）为例，可以使用如下语句：

```
CREATE TABLE t_college
(
        f_college_id varchar(2)    NOT NULL PRIMARY KEY,      --字段约束
        f_name       varchar(50)   NOT NULL UNIQUE,           --唯一约束
        f_memo       varchar(200)
);
```

也可以写成如下形式：

```
CREATE TABLE t_college
```

```
(
        f_college_id varchar(2)    NOT NULL,
        f_name        varchar(50)  NOT NULL,
        f_memo        varchar(200),
        PRIMARY KEY(f_college_id)                  --表约束
);
```

- 多字段联合作主键的情况。

以教师课程表（t_teach_course）为例，可以使用如下语句：

```
CREATE TABLE t_college
(
        f_course_id  int          NOT NULL,
        f_teach_id   varchar(6)   NOT NULL,
        f_time       varchar(50),
        f_place      varchar(50),
        f_memo       varchar(200),
        PRIMARY KEY(f_course_id, f_teach_id)        --双字段联合作主键，表约束
);
```

（2）创建表后定义主键。

以学院表（t_college）为例，在创建表后添加主键约束可以使用如下语句：

```
ALTER TABLE t_college ADD CONSTRAINT t_college_pk PRIMARY KEY(f_college_id);
```

2）参照完整性

在命令方式中，参照完整性是通过 FOREIGN KEY 子句完成的，这里分创建表时和创建表后两种情况来介绍。

（1）创建表时定义外键。

例如，学生表（t_student）的学院（f_college_id）字段为外键，关联到学院表（t_college）的学院编号（f_college_id）字段，在创建表时可以使用如下语句定义外键：

```
CREATE TABLE t_student
(
        f_stu_id     varchar(12)  PRIMARY KEY,
        f_password   varchar(6)   NOT NULL,
        f_name       varchar(50)  NOT NULL,
        f_sex        varchar(50)  NOT NULL CHECK(f_sex='男' or f_sex='女'),
        f_birth      date,
        f_enroll_year smallint,
        f_college_id varchar(2)   NOT NULL,
        f_speciality varchar(50),
        f_tel        varchar(20),
        f_memo       varchar(200),
```

```
        FOREIGN KEY(f_college_id) REFERENCES t_college(f_college_id)
);
```

（2）创建表后定义外键。

以学生表（t_student）为例，可以使用如下语句定义外键：

```
ALTER TABLE t_student ADD CONSTRAINT t_student_t_college_fk
        FOREIGN KEY(f_college_id) REFERENCES t_college(f_college_id);
```

3）自定义完整性。

前面的例子已经涉及了创建表时定义非空约束、唯一约束和 CHECK 约束的用法，而在创建表后定义这三类约束也比较简单，这里不再对其进行介绍。如果对此有疑问，可以参考瀚高数据库开发手册，或者使用界面方式进行操作后再在"执行修改"窗口中获得相关 SQL 语句。

3.3.5　索引

在数据库中，索引的作用与图书目录类似，根据索引可以快速找到所需内容。合理地使用索引可以使对应于表的 SQL 语句执行得更快，可以快速访问数据库表中的特定信息。例如，在学生表（t_student）中，若经常对学号（f_stu_id）进行查询或排序，则有必要为其建立索引。下面将以此为例，介绍如何通过界面和命令两种方式创建索引。

1．用界面方式创建索引

在学生表（t_student）的编辑界面中单击"索引"标签，可以查看该表已有索引；在索引列表空白处右击，在弹出的快捷菜单中选择"新建索引"选项，弹出"编辑索引"窗口（见图 3.64）。勾选需要建立索引的字段，这里只选择学号字段（f_stu_id）。在该字段的"排序"下拉列表中共有两个选项，其中，"ASC"是指升序（Ascend），"DESC"是指降序（Descent），由于通常会对学号进行升序排列，所以此处选择"ASC"选项。若勾选"唯一的"复选框，则会建立唯一索引，需要保证定义索引的字段值或字段组合值是唯一的，不可重复。

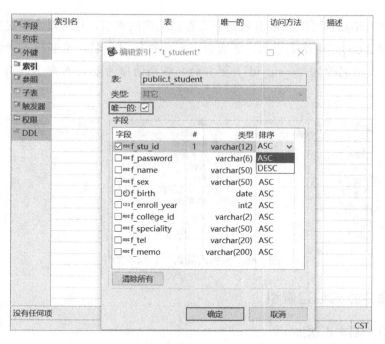

图 3.64 "编辑索引"窗口[①]

这里也可以为一个索引设置多个索引字段，如索引先按照入学年份（f_enroll_year）降序排列，再按照学号（f_stu_id）升序排列，相应设置如图 3.65 所示。注意：要先勾选"f_enroll_year"复选框再勾选"f_stu_id"复选框，其中"#"列的数值表示字段顺序号。

图 3.65 设置双字段索引

---

① 软件图中的"其它"的正确写法为"其他"。

索引创建完毕后，可以在索引列表中查看已创建的索引，并可对索引进行编辑、删除等操作（见图 3.66）。单击索引名，还可以对索引进行重命名，本书约定索引名以"x_"打头，这里将索引名改为"x_stu_id"，更多命名规则请参考附录 A 命名规范，文中不再专门说明。

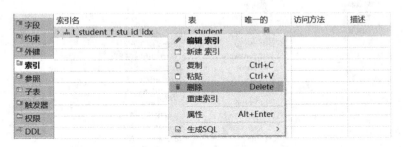

图 3.66　索引的编辑、删除等操作

2．用命令方式创建索引

创建索引的基本语法如下：

```
CREATE [UNIQUE] INDEX index_name ON table_name(column_name [ASC|DESC][, ...])
```

具体参数的含义可以参考用界面方式创建索引中的介绍，此处不再赘述。在学生表（t_student）的学号（f_stu_id）字段建一个升序的唯一索引，可以使用以下语句：

```
CREATE UNIQUE INDEX x_stu_id ON t_student(f_stu_id);
```

在学生表（t_student）上建立一个双字段普通索引，先按入学年份（f_enroll_year）降序排序，再按照学号（f_stu_id）升序排序，可使用以下语句：

```
CREATE INDEX x_stu_year_id ON t_student(f_enroll_year DESC, f_stu_id ASC);
```

删除索引 x_stu_id 可以使用如下语句：

```
DROP INDEX x_stu_id;
```

3.3.6　视图

可以将视图视为"虚拟表"或者"存储的查询"，是从一个或几个基本表（或视图）导出的表，合理地使用视图可以起到简化查询和保护数据的效果。根据选课系统开发的实际需要，本节通过两个例子来介绍视图的管理：

（1）教师授课视图（v_teach_course），包括课程号、课程名、工号、教师姓名、教师职称、授课时间、授课地点。

（2）学生选课视图（v_stu_course），包括课程号、课程名、学号、学生姓名、学院名称、专业、成绩。

1．用界面方式创建视图

1）教师授课视图（v_teach_course）

教师授课视图（v_teach_course）涉及三个表（t_teach_course、t_course、t_teacher），其关联关系如图 3.67 所示。

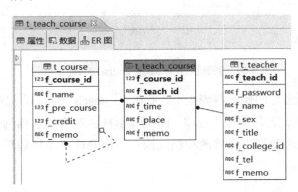

图 3.67　t_teach_course、t_course、t_teacher 关联关系

右击"public"模式下的"视图"选项，在弹出的快捷菜单中选择"新建视图"选项（见图 3.68 左图），进入"new_view"属性界面，如图 3.68 右图所示，选中"名称"单元格对应的"new_view"，即可修改视图名称，这里将其改为"v_teach_course"。

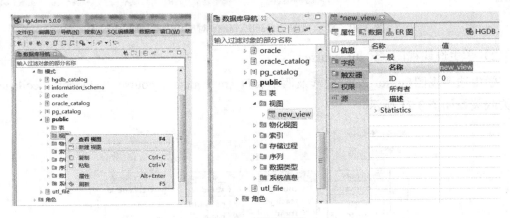

图 3.68　新建视图

在"new_view"属性界面中，单击"源"标签，在右侧出现的空白工作区内输入如下代码：

```
CREATE OR REPLACE VIEW public.v_teach_course AS
 SELECT t1.f_course_id, t1.f_name AS cname, t3.f_teach_id,
        t3.f_name AS tname, t3.f_title, t2.f_time, t2.f_place
 FROM t_course t1, t_teach_course t2, t_teacher t3
 WHERE t1.f_course_id = t2.f_course_id AND t2.f_teach_id = t3.f_teach_id
```

单击"保存"按钮（或按下"Ctrl+S"组合键），弹出"执行修改"窗口，如图 3.69 所示，单击"执行"按钮，即可创建 v_teach_course 视图。

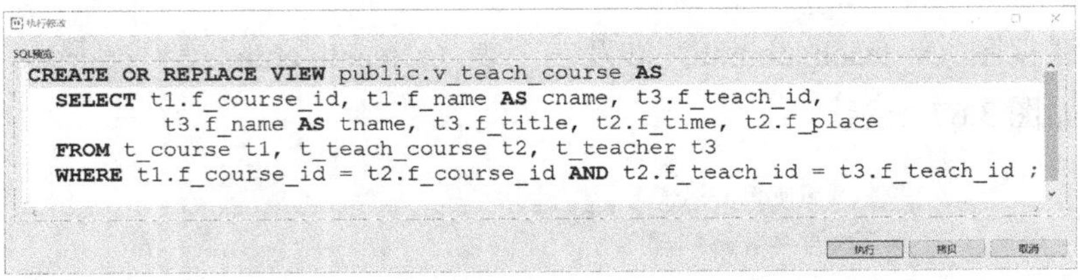

```
CREATE OR REPLACE VIEW public.v_teach_course AS
    SELECT t1.f_course_id, t1.f_name AS cname, t3.f_teach_id,
           t3.f_name AS tname, t3.f_title, t2.f_time, t2.f_place
    FROM t_course t1, t_teach_course t2, t_teacher t3
    WHERE t1.f_course_id = t2.f_course_id AND t2.f_teach_id = t3.f_teach_id ;
```

图 3.69　创建视图 v_teach_course 的 SQL 语句

对视图中的数据进行的操作与表类似，右击"v_teach_course"视图，在弹出的快捷菜单中选择"在 SQL 控制台读数据"选项，即可显示视图对应的数据列表，如图 3.70 所示。也可以在数据列表中对数据进行修改和删除操作，但要注意不要违反基表的约束。

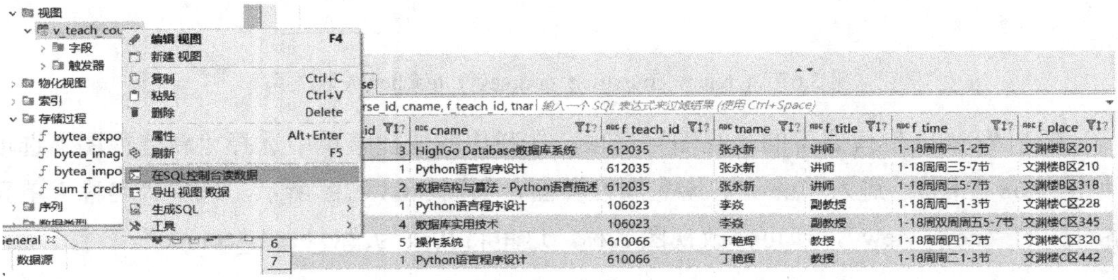

图 3.70　显示视图 v_teach_course 对应的数据列表

2）学生选课视图（v_stu_course）

学生选课视图（v_stu_course）涉及四个表（t_stu_course、t_course、t_student、t_college），其关联关系如图 3.71 所示。

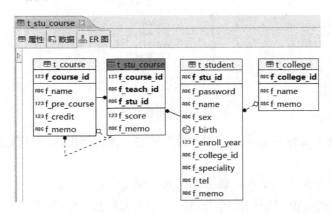

图 3.71　t_stu_course、t_course、t_student、t_college 关联关系

学生选课视图（v_stu_course）的创建过程与教师授课视图（v_teach_course）类似，其中创建视图的 SQL 代码如下：

```
CREATE OR REPLACE VIEW public.v_stu_course AS
  SELECT t1.f_teach_id, t2.f_course_id, t2.f_name AS cname, t3.f_stu_id,
         t3.f_name AS sname, t4.f_name AS colname, t3.f_speciality, t1.f_score
  FROM t_stu_course t1, t_course t2, t_student t3, t_college t4
  WHERE t1.f_course_id = t2.f_course_id AND t1.f_stu_id = t3.f_stu_id AND
    t3.f_college_id = t4.f_college_id
```

2. 用命令方式创建视图

创建视图的基本语法如下：

```
CREATE [OR REPLACE] VIEW view_name [(column_name [, ...])] AS query
```

创建视图的 SQL 代码在用界面方式创建视图部分已有介绍，只要在 SQL 编辑器中输入相应代码并执行即可，这里不再赘述。

如果要删除教师授课视图 v_teach_course，可以使用如下语句：

```
DROP VIEW v_teach_course;
```

3.3.7　存储过程

存储过程是存储在数据库服务器上并可以使用 SQL 界面调用的一组 SQL 语句和过程语句（声明、选择、循环等）。在 HighGo Database 中，存储过程通过自定义函数（FUNCTION）来实现。以本项目中用到的停开课程存储过程为例，介绍存储过程的创建和使用。

存储过程功能描述：根据工号和课程编号进行"停开课程"操作，如果该课程已考试则无法停开，返回数字 1；如果该课程选课人数已超过 20 人（包括 20 人）则无法停开，返回数字 2；否则可停开课程，系统将在教师课程表（t_teach_course）中删除相应开课记录，同时在学生选课表（t_stu_course）中删除对应的选课记录，返回数字 0。

根据以上描述，新建一个名为"proc_course_cancel"的存储过程，有两个参数：工号（teach_id varchar）和课程编号（course_id int），返回值为整型。

在"数据库导航"窗格中，右击"存储过程"选项，在弹出的快捷菜单中选择"新建存储过程"选项，弹出"创建新的函数"窗口（见图 3.72），将"名称"设置为"proc_course_cancel"，单击"确定"按钮，进入存储过程信息界面。

图 3.72　"创建新的函数"窗口

在存储过程信息界面中单击"源"标签，输入创建存储过程源代码（见图 3.73）。

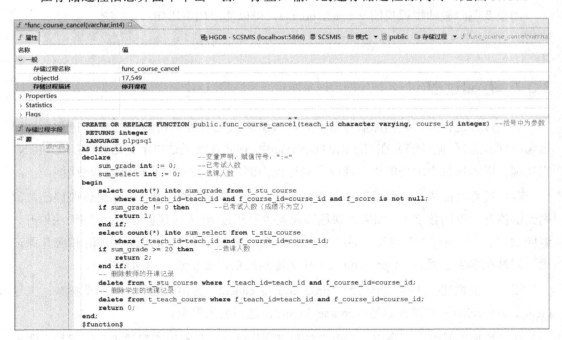

图 3.73　存储过程源代码

创建存储过程 proc_course_cancel 的源代码如下：

```
01. CREATE OR REPLACE FUNCTION public.proc_course_cancel(teach_id varchar,
    course_id integer)
02.  RETURNS integer AS $function$        --返回值类型
03. declare                               --变量声明，赋值符号："：="
```

```
04.    sum_grade int := 0;              --已考试人数
05.    sum_select int := 0;             --选课人数
06.  begin
07.    select count(*) into sum_grade from t_stu_course
08.      where f_teach_id=teach_id and f_course_id=course_id and f_score is not null;
09.    if sum_grade != 0 then           --已考试人数（成绩不为空）
10.      return 1;
11.    end if;
12.    select count(*) into sum_select from t_stu_course
13.      where f_teach_id=teach_id and f_course_id=course_id;
14.    if sum_grade >= 20 then          --选课人数
15.      return 2;
16.    end if;
17.    -- 删除教师的开课记录
18.    delete from t_stu_course where f_teach_id=teach_id and f_course_id=course_id;
19.    -- 删除学生的选课记录
20.    delete from t_teach_course where f_teach_id=teach_id and f_course_id=course_id;
21.    return 0;
22.  end;
23.  $function$ LANGUAGE plpgsql
```

单击"保存"按钮或按下"Ctrl+S"组合键，弹出"执行修改"窗口，单击"执行"按钮，即可完成存储过程（函数）的创建。若源代码输入框中出现"-- Empty source"字样，则需要在"数据库导航"窗格下右击"存储过程"选项，在弹出的快捷菜单中选择"刷新"选项，即可显示新的存储过程"proc_course_cancel(varchar, int)"。

创建存储过程的重点在于 SQL 代码，创建存储过程的一般语法为：

```
CREATE [OR REPLACE] FUNCTION function_name([parameters])
  RETURNS return_datatype AS $[block_name]$
DECLARE
  declaration;
BEGIN
  < function_body >
[RETURN { variable_name | value }]
END;
$[block_name]$ LANGUAGE plpgsql;
```

其中：

- function_name 为函数名；parameters 为参数列表，若函数无参数可以不写，但小括号要保留。
- return_datatype 为返回值类型，若函数无返回值，则为 void。
- block_name 为语句块名称，由于 HighGo Database 中的 SQL 脚本使用的是块语言，所以可以为函数体语句块命名，当然也可以不命名。

- LANGUAGE plpgsql 是指定实现该函数的语言的名称。

3.3.8　触发器

触发器是数据库的回调函数，它会在指定的数据库事件发生时自动执行。在 HighGo Database 中，创建触发器分为如下两个步骤。

1）创建触发器函数

触发器函数定义当事件发生时需要执行的操作，它是一个没有参数并且返回值类型为 trigger 的函数，创建过程和普通函数创建过程类似。

2）创建触发器

创建触发器即建立触发事件与触发器函数之间的对应关系，以达到在事件发生时执行触发器函数的效果，其基本语法如下：

```
CREATE TRIGGER trigger_name {before|after|instead of} event
ON table_name [ FOR [ EACH ] { ROW | STATEMENT } ]
execute procedure fucntion_name
```

其中：

- event 是指触发事件，具体包括对数据的更新操作：INSERT、DELETE、UPDATE [OF column_name [, ...]]、TRUNCATE。
- 触发的时机包括 before（事件发生之前）、after（时间发生之后）、instead of（代替触发动作）。
- FOR EACH ROW 为行级触发器，表示操作每影响一行就触发一次；FOR EACH STATEMENT 为语句级触发器，表示每执行一条语句就触发一次。
- table_name 是指触发器定义在该表上，fucntion_name 是指触发器对应的触发器函数。

下面以"选修课程"为例说明触发器的创建。

功能描述：当学生选课时，需要先检查其已选课程总学分数，若总学分不满 100 则可以选课，否则抛出异常。

（1）创建触发器函数：

```
01. CREATE OR REPLACE FUNCTION public.proc_selcourse()
02. RETURNS trigger
03. LANGUAGE plpgsql
04. AS $function$
05. DECLARE
```

```
06.    sum_credit int;
07.  BEGIN
08.    --已选课程总学分
09.    select sum(f_credit) into sum_credit from t_stu_course, t_course
10.    where t_stu_course.f_course_id=t_course.f_course_id and
11.        t_stu_course.f_stu_id=new.f_stu_id;
12.    if sum_credit<100 then                    --总学分未满100，可继续选课
13.      INSERT INTO t_stu_course
14.      VALUES(new.f_course_id, new.f_teach_id, new.f_stu_id, null, null);
15.    else
16.      raise exception '学分已满，不能再选课程';      --抛出异常
17.    end if;
18.  END;
19.  $function$
```

（2）创建触发器：

```
1. CREATE TRIGGER trig_selcourse instead of insert on t_stu_course
2. for each row execute procedure proc_selcourse();
```

这里触发器的触发时机定义为"instead of"，在对学生选课表（t_stu_course）执行插入操作时触发触发器并执行触发器函数。若已选课程总学分未满 100，则可以继续选课（将选课信息插入 t_stu_course）；若已选课程总学分已满 100，则抛出异常，Python 程序可捕获此异常并提示用户"学分已满，不能再选课程"。

3.4　小结

本章介绍了 HighGo Database 的下载、安装及配置方法，并介绍了数据库、数据表、记录、约束、索引、视图、存储过程、触发器等数据库对象的管理方法，为后续选课系统的开发做了数据准备工作。本章介绍的都是 HighGo Database 的基础性操作和功能，更为高阶的功能和深度的用法还需读者自己根据实际需要进行学习、探索。

第 **4** 章

Python 开发环境

4.1 Python 3.8.6 的安装及配置

1. 安装包下载

Python 3.8.6 安装文件可从 Python 官网、腾讯软件中心或其他站点下载。为了方便安装，下载的是 executable installer 文件（见图 4.1），下载该文件后即可得到安装文件 python-3.8.6-amd64.exe。

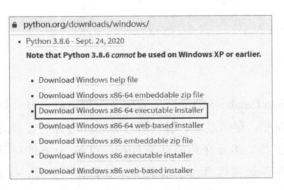

图 4.1　Python 3 安装文件下载

2. Python 3 安装

双击打开安装文件 python-3.8.6-amd64.exe，进入 Python 3.8.6 安装向导界面，如图 4.2 所示。如果想安装到默认路径（C 盘），直接单击"Install Now"选项即可；如果想自定义安装到其他分区，则可单击"Customize installation"选项。这里我们将 Python 3.8.6 安装在 D:\Program Files\Python\Python38 目录下。勾选"Add Python 3.8 to PATH"复选框，安

装时即可将 Python 3.8.6 加入环境变量，这样就不需要进行人工设置了。

图 4.2　Python 3.8.6 安装向导界面

3．安装验证

安装完成后，在命令行窗口输入"python"，运行后如果能显示 Python 版本信息，则表示安装成功（见图 4.3）。

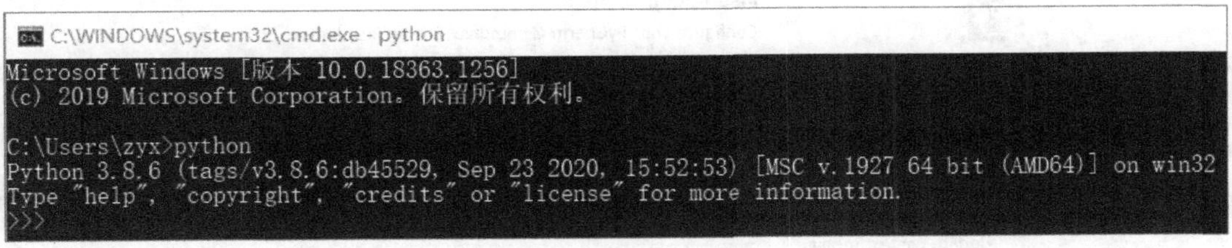

图 4.3　Python 3.8.6 安装验证

4.2　PyCharm 的安装及配置

PyCharm 是由 JetBrains 打造的一款 Python 集成开发环境（Integrated Development Environment，IDE）。

1．PyCharm 下载与安装

PyCharm 的 Windows 版安装包可以从 JetBrains 官网下载，其有专业版（Professional）和社区版（Community）两个版本。与专业版相比，社区版量级更轻，且免费、开源，因此我们选择社区版。在如图 4.4 所示界面中，单击"Download"按钮，下载 PyCharm 安装文件。

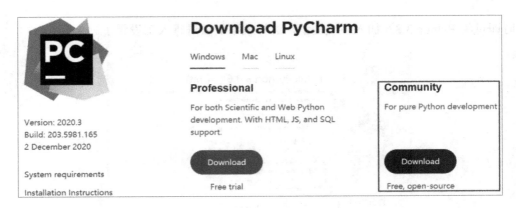

图 4.4　PyCharm 下载界面

双击安装文件 pycharm-community-2020.3.exe，打开安装向导界面。"Installation Options"界面中的"Create Desktop Shortcut"表示建立桌面快捷方式，"Create Associations"表示默认使用 PyCharm 打开.py 文件，建议勾选这两个复选框，其他复选框不勾选，如图 4.5 所示。

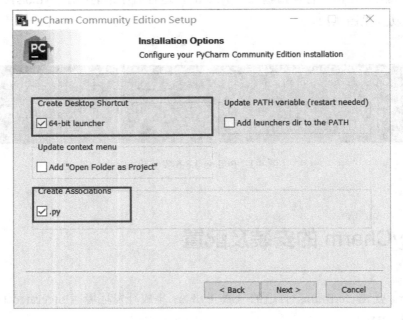

图 4.5　PyCharm 安装

2．PyCharm 配置

首次启动 PyCharm 时可在"Customize"（自定义）标签页中配置界面的颜色主题（Color theme）、字体等（见图 4.6）。

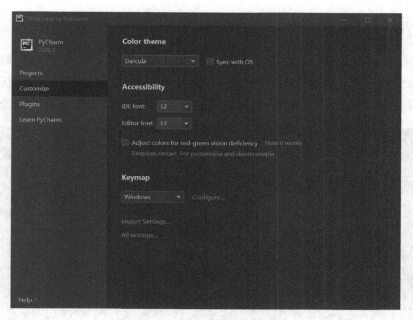

图 4.6　"Customize"标签页

　　如果习惯使用中文界面，也可以在"**Plugins**"（插件）标签页（见图 4.7）中下载中文语言包。下载完成后重启软件就可以使用中文版 PyCharm 了。

图 4.7　"Plugins"标签页

3. PyCharm 简单使用

启动 PyCharm，选择"新建项目"（"New Project"）选项，打开"新建项目"窗口，在其中选择或输入项目位置（这里我们将项目放在 D:\SCSMIS 目录下）。推荐新手选择"先前配置的解释器"单选按钮（见图 4.8），如果显示没有解释器，那么可以手动选择解释器。

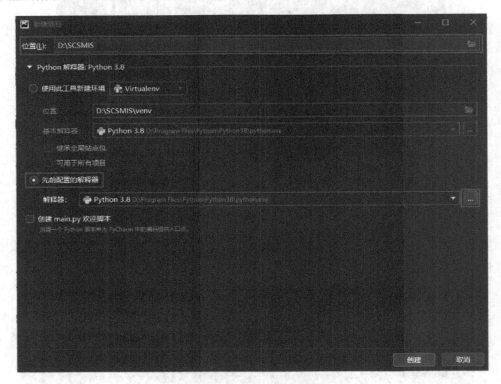

图 4.8　PyCharm 新建项目

在项目 SCSMIS 文件夹下新建 Python 文件 test.py（见图 4.9）。

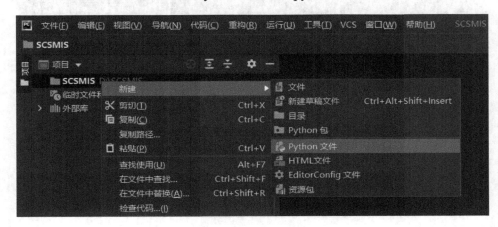

图 4.9　新建 Python 文件

在 test.py 文件中输入测试代码"print('Hello World!')",右击 test.py 文件,在弹出的快捷菜单中选择"运行'test'"选项,即可在运行结果窗口看到运行结果(见图 4.10)。

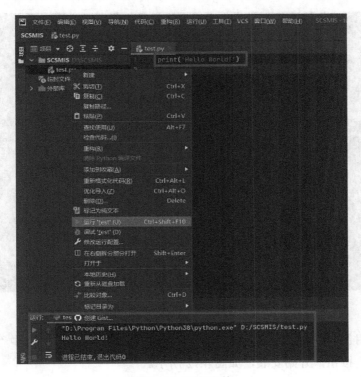

图 4.10 运行文件

4.3 PyQt5 的安装及配置

Qt 是一个跨平台的框架,它是用 C++编写的一个非常全面的库,包含许多工具和 API,被广泛应用于许多行业,涵盖了 Windows、UNIX、Linux 等多个平台。PyQt 是一个创建图形用户界面(Graphical User Interface,GUI)应用程序的工具包,它是 Python 语言和 Qt 库的成功融合,由 Phil Thompson 开发。由于 PyQt 不仅与 Python 有着良好的兼容性,还可以通过可视化的方式进行窗体的创建,提高了开发人员的工作效率,因此广受开发人员的喜爱。

4.3.1 安装 PyQt5

进入 PyCharm 的设置界面(依次单击"文件"→"设置"选项或者使用"Ctrl+Alt+S"

组合键），单击"项目:SCSMIS"选项下的"Python 解释器"选项，单击下方的"+"按钮（见图 4.11）。

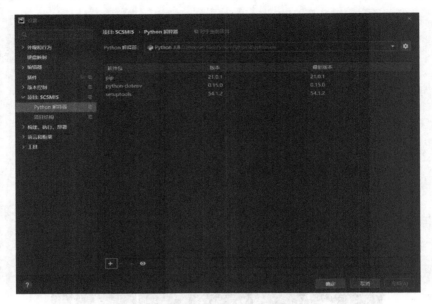

图 4.11　在 PyCharm 中添加软件包

进入"可用包"界面，在搜索栏中输入"pyqt5"，在结果列表中选中"PyQt5"选项，单击"安装包"按钮，开始安装，如图 4.12 所示。

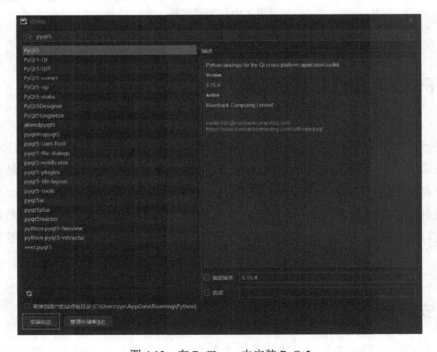

图 4.12　在 PyCharm 中安装 PyQt5

如果安装失败，那么可以尝试指定较低的版本进行安装（见图 4.13）。

图 4.13 指定 PyQt5 版本

也可以打开命令行窗口，使用"pip list"命令，列出当前已经安装的第三方 Python 包，再用"pip install PyQt5"命令安装 PyQt5（见图 4.14）。

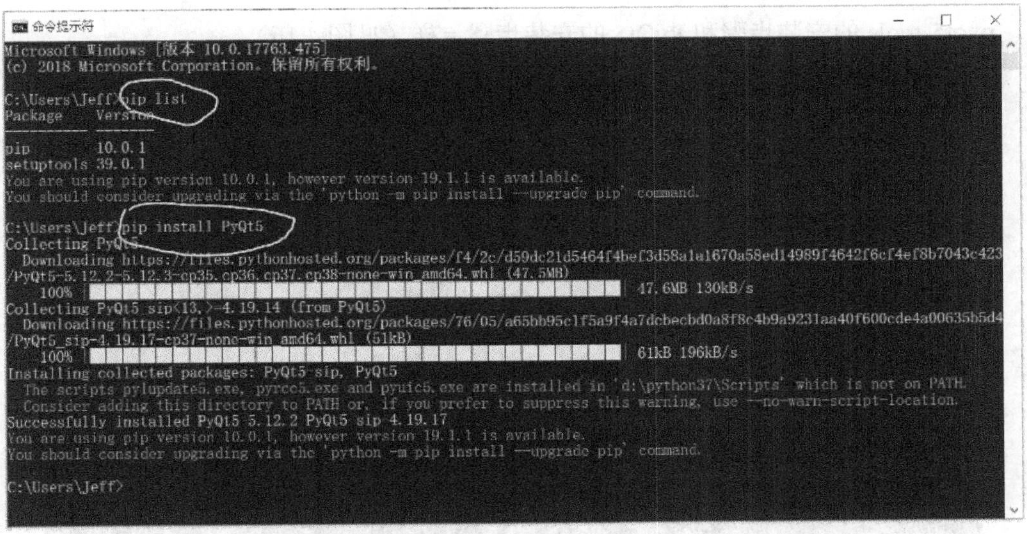

图 4.14 使用"pip install PyQt5"命令安装 PyQt5

安装完毕后，重新进入 PyCharm 的设置界面，即可看到已经安装的 PyQt5 版本（见图 4.15）。

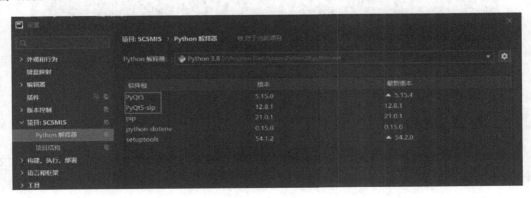

图 4.15 验证安装 PyQt5

4.3.2 PyQt5 工具及配置

成功安装 PyQt5 后就可以通过编写代码来实现 UI 界面了。为了更加方便、可视化地实现 UI 界面开发，可以选择通过 Qt Designer 来完成。

Qt Designer 的设计符合 MVC 框架模式，实现了视图和逻辑的分离，从而实现了开发的便捷。Qt Designer 中的操作方式十分灵活，通过拖拽的方式放置控件，可以随时查看控件效果。Qt Designer 生成的 ui 文件（实质上是 XML 格式的文件）也可以通过 PyUIC 5 工具转换成 py 文件。

1. 安装 pyqt5-tools

pyqt5-tools 的安装步骤和 PyQt5 的安装步骤一样（见图 4.16）。

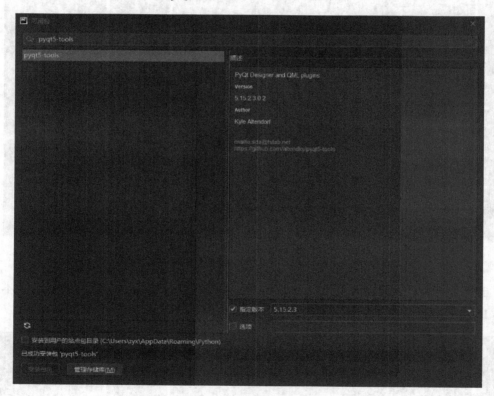

图 4.16 安装 pyqt5-tools

2. 配置 PyCharm

配置 PyCharm 是为了实现在 PyCharm 中打开 Qt Designer，生成 Qt 界面文件（ui 文件），方便转换成 py 文件。

（1）打开 PyCharm 后，进入设置界面，单击"工具"选项下的"外部工具"（External

Tools）选项，单击界面右侧的"+"按钮在弹出的窗口中按图 4.17 进行设置。

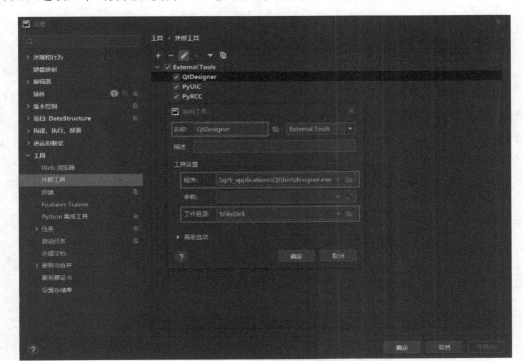

图 4.17　添加 PyQt5 外部工具

- 名称（Name）：可自己定义，这里填写"QtDesigner"。

- 程序（Program）：designer.exe 的文件路径，一般为 Python 开发环境目录\Lib\site-packages\qt5_applications\Qt\bin\designer.exe。

- 工作目录（Work directory）：使用变量$FileDir$。

（2）按照上述步骤，再新建一个"PyUIC"外部工具，相应设置如图 4.18 所示。这个外部工具的主要作用是将 Qt 界面文件（ui 文件）转换成 Python 源文件（py 文件）。

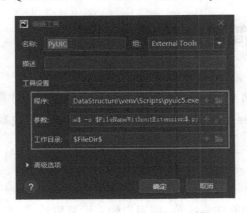

图 4.18　添加 PyUIC 外部工具

- 程序（Program）：pyuic5.exe 的文件路径，一般为 Python 开发环境目录\Scripts\ pyuic5.exe。
- 参数（Auguments）： $FileName$ -o $FileNameWithoutExtension$.py。
- 工作目录（Work directory）：使用变量$FileDir$。

（3）在使用 PyQt5 开发界面时，需要将在 Qt Designer 中使用的图片等资源编译为 py 文件，为了方便，需要用 PyRCC 工具将资源文件（qrc 文件）转换为 py 文件。因此，需 要再新建一个外部工具 PyRCC，如图 4.19 所示。

图 4.19　添加 PyRCC 外部工具

- 程序（Program）：pyrcc5.exe 的文件路径，一般为 Python 开发环境目录 \Scripts\pyrcc5.exe。
- 参数（Auguments）： $FileName$ -o $FileNameWithoutExtension$_rc.py。
- 工作目录（Work directory）：使用变量$FileDir$。

4.4　小例子：简易计算器

本节将介绍如何借助 Qt Designer 来设计和实现一个简易计算器，从而帮助读者快速 掌握 PyQt5 与 Qt Designer 配合使用的方法，有助于初学者尽快掌握 PyQt5 的编程。

4.4.1　功能设计

简易计算器的基本功能非常简单，即用户输入运算表达式，程序检测表达式的合法性，若合法则给出计算结果，若不合法则提醒用户重新输入。为了便于实现，我们对计算器的功能进行了如下限制和简化。

（1）操作数仅支持整数。

（2）操作符仅支持加、减、乘、除四则运算。

（3）用户只能通过单击按钮输入计算表达式，不支持键盘输入。

简易计算器的效果图如图 4.20 所示。

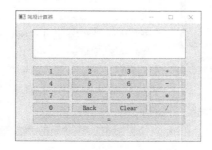

图 4.20　简易计算器的效果图

4.4.2　界面设计

在 PyCharm 中依次单击"工具"→"External Tools"→"QtDesigner"选项，即可打开 Qt Designer 设计工具。由于设计的计算器用不到菜单栏，所以此处将窗体创建为"Widget"（无菜单窗体），如图 4.21 所示。

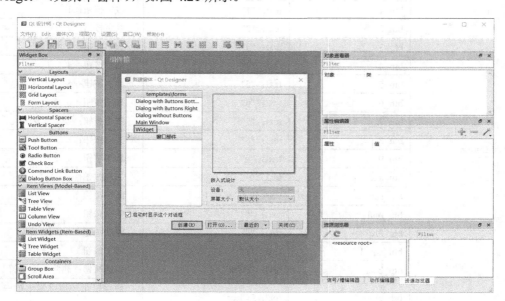

图 4.21　"新建窗体"对话框

在新建窗体中加入需要的控件。简易计算器用到的控件有两种，即 Text Edit 和 Push Button。在控件箱中将对应控件拖放至窗体中，如图 4.22 所示。

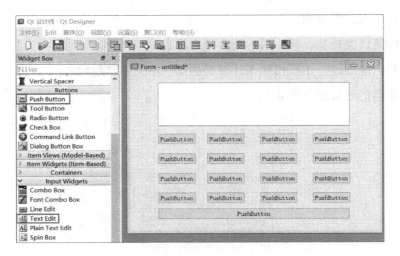

图 4.22　添加简易计算器的控件

按照表 4.1，设置窗体中控件的属性。

表 4.1　简易计算器用到的控件及说明

控 件 类 型	控件名称 ID	属　　　性	说　　　明
QWidget	frm_calculator	windowTitle：简易计算器	计算器主窗体
QTextEdit	txt_exp	Readonly：True	算术表达式输入框
QPushButton	btn_0	text: "0"	数字按钮：0
	btn_1	text: "1"	数字按钮：1
	btn_2	text: "2"	数字按钮：2
	btn_3	text: "3"	数字按钮：3
	btn_4	text: "4"	数字按钮：4
	btn_5	text: "5"	数字按钮：5
	btn_6	text: "6"	数字按钮：6
	btn_7	text: "7"	数字按钮：7
	btn_8	text: "8"	数字按钮：8
	btn_9	text: "9"	数字按钮：9
	btn_add	text: "+"	加法按钮
	btn_sub	text: "-"	减法按钮
	btn_mul	text: "*"	乘法按钮
	btn_div	text: "/"	除法按钮
	btn_equal	text: "="	等于按钮
	btn_back	text: "Back"	后退按钮：删除一个字符
	btn_clear	text: "Clear"	清除按钮：清除输入框中显示的表达式

为了使控件摆放得整齐，可以使用 PyQt5 自带的布局工具对窗体中的多个控件进行水平布局（见图 4.23）和垂直布局（见图 4.24）。

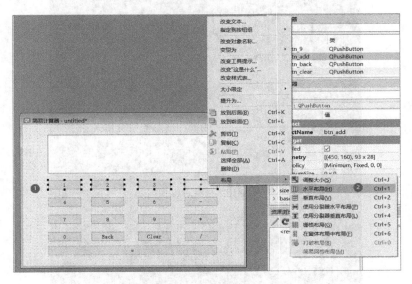

图 4.23　设置水平布局

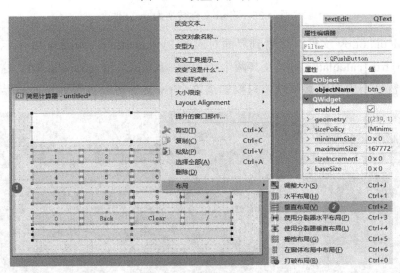

图 4.24　设置垂直布局

再经过简单的手动调整，即可达到如图 4.20 所示效果，最后将设计的界面文件命名为 "calculator.ui"。

回到 PyCharm 中，会发现项目目录下多了一个 calculator.ui 文件，我们需要使用扩展工具中的 PyUIC 将 ui 文件转换为.py 文件，具体步骤如图 4.25 所示，经过转换会得到 calculator.ui 文件。

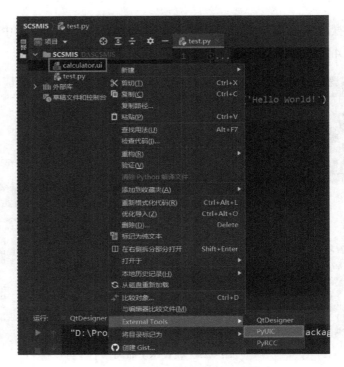

图 4.25　将 ui 文件转换为 py 文件

　　打开 calculator.py 文件，会看到界面对应的 Python 源码，如图 4.26 所示，其中包括一个名为 Ui_frm_calculator 的类及其两个类函数：setupUi 和 retranslateUi。这些是自动生成的，我们暂且不去探究其原理，只要知道这个 py 文件可以实现计算器的界面即可。

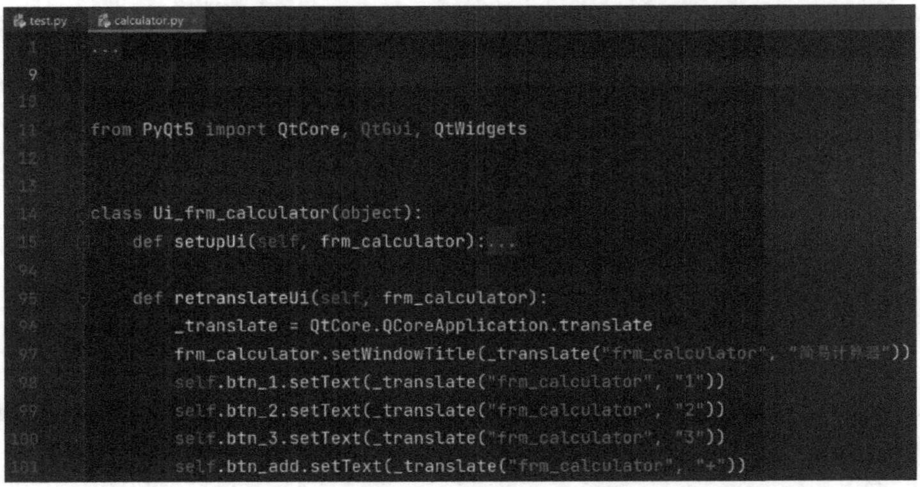

![calculator.py 源码截图]

图 4.26　界面对应的 Python 源码

　　至此，已经实现了使用 Qt Designer 设计界面并将 ui 文件转换成 py 文件。值得注意的是，这里的 py 文件是由 ui 文件转换而来的，因此当 ui 文件发生变化时，对应的 py 文件也会发生变化。这种由 ui 文件转换而来的 py 文件被称为界面文件。由于界面文件在每次转换时都会初始化，为了使界面的修改不覆盖已写的逻辑代码，需要新建一个 py 文件以调用界面文件并将业务逻辑写入其中。这个新建的 py 文件被称为逻辑文件，又称业务文件。这样一来，界面文件和逻辑文件是两个相对独立的文件，实现了界面（视图）与逻辑（业务）的分离。

例如，新建一个 calculator_run.py 文件（逻辑文件），用以调用 calculator.py 文件（界面文件），其对应代码如下：

```
01. import sys
02. from PyQt5.QtWidgets import QApplication, QWidget, QMessageBox
03. from calculator import Ui_frm_calculator                # 引用界面文件
04.
05.
06. class DlgCalculator(QWidget, Ui_frm_calculator):          # 继承界面文件的主窗口类
07.     def __init__(self, parent=None):
08.         super(DlgCalculator, self).__init__(parent)      # 对父类初始化
09.         self.setupUi(self)                               # 设置窗体 UI
10.
11.
12. if __name__ == '__main__':
13.     app = QApplication(sys.argv)                         # 实例化 QApplication 类，作为主程序入口
14.     win = DlgCalculator()                                # 创建 DlgCalculator
15.     win.show()                                           # 显示窗体
16.     sys.exit(app.exec_())                                # 退出应用程序
```

运行 calculator_run.py 文件就可以看到程序的界面了，到此为止简易计算器的界面就被设计好并可以正常显示了。后续要实现加、减、乘、除等业务逻辑，只要将相应代码加入 calculator_run.py 文件中即可。在开发过程中，如果需要修改界面元素，只会影响 calculator.py 文件（界面文件），对于 calculator_run.py 文件（逻辑文件）无影响。这种业务与视图分离的原则符合 MVC 框架的基本要求，即模型（Model）、视图（View）、控制层（Controller）相分离，将有助于读者后续学习大型软件的架构设计，进而学习 Django、Flask 等开发框架。在后续选课系统的开发过程中将贯彻这一原则，除只用于显示没有业务逻辑的界面（如关于界面）外，其余界面都采用业务与视图分离的原则。

4.4.3　信号与槽的关联

信号（Signal）和槽（Slot）是 Qt 的核心机制，也是 PyQt 编程中对象之间进行通信的机制。当信号发射时，将自动执行连接的槽函数。在 PyQt5 中信号和槽通过 connect()函数连接。

在简易计算器中，我们希望单击界面上的"1"按钮能在输入框中显示数字1。这里的信号（btn_1.clicked）是单击"1"按钮事件产生的，而槽是指让输入框显示数字1的函数（num1_click），使用信号的connect()函数将二者连接起来，从而实现单击"1"按钮输入框中显示数字1。

相关代码如下所示：

```
1. class DlgCalculator(QWidget, Ui_frmCalculator):          # 继承界面文件的主窗口类
2.    def __init__(self, parent=None):
3.        super(DlgCalculator, self).__init__(parent)        # 对父类初始化
4.        self.setupUi(self)                                 # 设置窗体 UI
5.        self.btn_1.clicked.connect(self.num1_click)        # 连接单击按钮信号和槽函数
6.
7.    def num1_click(self):                                  # 槽函数
8.        self.txtExp.setText(self.txtExp.toPlainText() + "1")
```

这里将信号和槽函数的连接放在__init__构造函数里，这样只会声明一次连接。若将信号和槽函数的连接放在类函数中，则要记得断开连接，否则会连接多次，导致程序异常。

由于所有数字按钮和操作符按钮的处理方式与"1"按钮类似，这里定义统一的数字及操作符按钮槽函数（num_op_click），相关代码如下：

```
01. class DlgCalculator(QWidget, Ui_frm_calculator):          # 继承界面文件的主窗口类
02.    def __init__(self, parent=None):
03.        super(DlgCalculator, self).__init__(parent)         # 对父类初始化
04.        self.setupUi(self)                                  # 设置窗体 UI
05.        # 连接单击按钮信号和槽函数
06.        self.btn_0.clicked.connect(self.num_op_click)
07.        self.btn_1.clicked.connect(self.num_op_click)
08.        self.btn_2.clicked.connect(self.num_op_click)
09.        self.btn_3.clicked.connect(self.num_op_click)
10.        self.btn_4.clicked.connect(self.num_op_click)
11.        self.btn_5.clicked.connect(self.num_op_click)
12.        self.btn_6.clicked.connect(self.num_op_click)
13.        self.btn_7.clicked.connect(self.num_op_click)
14.        self.btn_8.clicked.connect(self.num_op_click)
15.        self.btn_9.clicked.connect(self.num_op_click)
16.        self.btn_add.clicked.connect(self.num_op_click)
17.        self.btn_sub.clicked.connect(self.num_op_click)
18.        self.btn_mul.clicked.connect(self.num_op_click)
19.        self.btn_div.clicked.connect(self.num_op_click)
20.        self.btn_back.clicked.connect(self.back_click)
21.        self.btn_clear.clicked.connect(self.clear_click)
22.        self.btn_equal.clicked.connect(self.equal_click)
23.
24.    def num_op_click (self):                                 # 数字及操作符按钮槽函数
25.        self.txt_exp.setText(self.txtExp.toPlainText() + self.sender().text())
```

4.4.4 逻辑实现

接下来，实现其他功能逻辑。

1. "Back" 按钮、"Clear" 按钮处理

"Back" 按钮、"Clear" 按钮处理对应的槽函数如下：

```
1.    def back_click(self):                    # "Back" 按钮槽函数
2.        self.txtExp.setText(self.txtExp.toPlainText()[:-1])
3.
4.    def clear_click(self):                   # "Clear" 按钮槽函数
5.        self.txtExp.clear()
```

2. "=" 按钮处理

"=" 按钮处理对应的槽函数如下：

```
1.    def equal_click(self):                   # "=" 按钮槽函数
2.        try:                                 # 合法表达式：使用 eval 函数计算结果
3.            self.txtExp.setText(str(eval(self.txtExp.toPlainText())))
4.        except Exception:                    # 非法表达式：引发异常，弹出警告对话框
5.            QMessageBox.warning(self, "简易计算器", "请输入合法的表达式！")
```

在这里，使用 eval 函数来计算运算表达式的值，eval 函数的相关信息请参考 Python 官方文档。

4.5 小结

本章介绍了 Python 开发环境的配置、PyCharm 的使用，以及 PyQt5 的安装配置，最后以一个简易计算器的设计及实现为例，介绍了如何使用 PyCharm 和 PyQt5 编写简单的桌面应用程序。当然，这里实现的计算器只是一个最简单的版本。从知识层面来看，所用知识比较基础，仅使用到了四类控件（QWidget、QTextEdit、QPushButton、QMessageBox）和两种布局工具（水平布局、垂直布局），除此之外，PyQt5 中还有许多控件和布局及其他高级功能，这需要我们在实际应用中继续探索和学习。从功能层面来看，也有一些值得改进之处，例如：

- 不仅支持整数计算，还可以支持实数计算，甚至可以考虑复数计算；

- 支持更多的操作符种类，除了加、减、乘、除，还可以支持二次平方、开方、倒数、次幂（形如 m^n）等操作符；
- 记录历史记录并显示，即显示以往输入的表达式及运算结果。

读者也可以参考 Windows 系统自带的计算器，设计并实现属于自己的计算器。

本书是一本项目实训指导书，旨在引导读者一步步地开发一个完整项目，所以我们仅对项目开发过程中用到的技术和知识进行讲解，试图建立知识的"最小完备集"，以减少读者技术知识的学习代价，缓解其因技术问题带来的畏难情绪，快速启动开发一个完整的系统。相应的，本书在 HighGo Database、Python 开发环境及 PyQt5 等方面并没有给出系统性的介绍，更多的知识还需要读者在开发过程中结合书籍、示例、视频等深入学习，本书所讲的技术知识可以作为进一步学习的基础。

第 5 章

系统界面设计

界面是系统功能的可视化表达，是用户与开发者之间交流的主要媒介，在实际项目开发过程中，快速构建原型可帮助开发者进一步确定系统功能。本章将根据第 1 章对选课系统的功能设计，借助第 4 章介绍的 PyQt5 及其工具，完成对各功能界面的设计。

在每个功能界面的介绍中，我们将先基于界面介绍系统功能（类似于软件使用说明），然后给出界面元素对应的 PyQt5 控件列表及其参数，请读者根据介绍完成界面设计，同时设想一下对应的程序逻辑应如何实现。

5.1 用户登录界面

系统启动后进入用户登录界面（见图 5.1），用户输入账号、密码（以"·"形式显示），选择相应角色（包含学生、教师、管理员三种角色），单击"登录"按钮，系统将验证用户的合法性，若用户合法，将进入对应用户的主界面，否则将提示用户重新输入账号和密码。若用户想重新输入账号和密码，可单击"重置"按钮，清空"账号"输入框、"密码"输入框。

图 5.1　用户登录界面

用户登录界面主窗体类型选用 QWidget，其中的控件及说明如表 5.1 所示。

表 5.1　用户登录界面中的控件及说明

控件名称	控件类型	属性	说明
frmLogin	QWidget	windowTitle：学生选课管理信息系统-SCSMIS	用户登录界面主窗体
lbl_title	QLabel	text：学生选课管理信息系统欢迎您	
lbl_user	QLabel	text：账号	
edt_user	QLineEdit		"账号"输入框
lbl_pwd	QLabel	text：密码	
edt_pwd	QLineEdit	echoMode：Password	"密码"输入框
rdo_student	QRadioButton	text：学生 checked：True	登录角色选择：学生，默认选择
rdo_teacher	QRadioButton	text：教师	登录角色选择：教师
rdo_admin	QRadioButton	text：管理员	登录角色选择：管理员
btn_login	QPushButton	text：登录	"登录"按钮
btn_reset	QPushButton	text：重置	"重置"按钮：清空"账号"输入框、"密码"输入框

5.2　学生用户界面

5.2.1　学生用户主界面

学生用户主界面（见图 5.2）包括选修课程、退选课程、修改密码、帮助等功能，相应功能通过菜单方式展现。

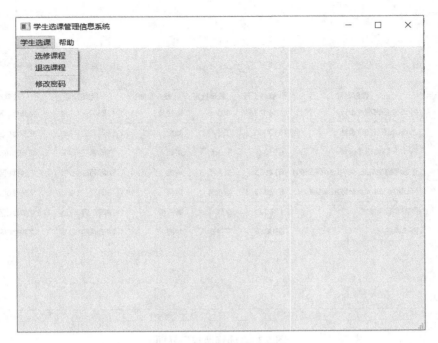

图 5.2　学生用户主界面

学生用户主界面的登录主窗体类型选用 QMainWindow，其中的控件及说明如表 5.2 所示。

表 5.2　学生用户主界面中的控件及说明

控 件 名 称	控 件 类 型	属　性	说　明
frm_main_stu	QMainWindow	windowTitle：学生选课管理信息系统	学生用户主界面主窗体
menubar	QMenuBar		主菜单栏
menu1	QMenu	title：学生选课	子菜单 1
menu2	QMenu	title：帮助	子菜单 2
m_course_select	QAction	title：选修课程	子菜单 1-1
m_course_cancel	QAction	title：退选课程	子菜单 1-2
	QAction		子菜单 1-3：分隔符
m_change_pwd	QAction	title：修改密码	子菜单 1-4
m_about	QAction	title：关于	子菜单 2-1

5.2.2　"选修课程"界面

在学生用户主界面中单击"学生选课"菜单下的"选修课程"选项，将进入"选修课程"界面（见图 5.3）。单击选修课程界面中的"刷新"按钮将显示当前可以选修的课程（当前学生用户尚未选修的课程），选中需要选修的课程，单击"选课"按钮，系统将询问是否选修该课程，在用户执行确认操作后完成选修课程操作，系统将刷新"可选课程"列表。

图 5.3 "选修课程"界面

"选修课程"界面中的控件及说明如表 5.3 所示。

表 5.3 "选修课程"界面中的控件及说明

控 件 名 称	控 件 类 型	属　　　性	说　　　明
frm_course_select	QWidget	windowTitle：选修课程 windowModality：ApplicationModal	
btn_select	QPushButton	text：选课	"选课"按钮
btn_refresh	QPushButton	text：刷新	"刷新"按钮
gbox	QGroupBox	title：可选课程	
tbw_course	QTableWidget	editTriggers：NoEditTriggers selectionBehavior：SelectRows selectionMode：SingleSelection alternatingRowColors：True QTableView.sortingEnabled：True	"可选课程"列表

其中，"可选课程"列表（tbw_course）中的列设置如图 5.4 所示。

图 5.4　"可选课程"列表中的列设置

在本项目中，QTableWidget 是用于数据展示和编辑的重要控件，为了便于读者快速入门，对 QTableWidget 最常用的属性进行了总结（见表 5.4），这些属性都可以轻松地在 Qt Designer 的可视化界面中进行设置。

表 5.4　QTableWidget 常用属性

属　　性	说　　明
rowCount	行数
columnCount	列数
QTableView.showGrid	是否显示网格
QTableView.gridStyle（网格线型）	NoPen：无线 SolidLine：实线 DashLine：虚线 DotLine：点线 DashDotLine：虚点线 DashDotDotLine：虚点点线 CustomDashLine：自定义虚线
QTableView.sortingEnabled	是否可按列排序
QTableView.wordWrap	数据项文本是否换行
QTableView.cornerButtonEnabled	是否启用左上角的按钮
QAbstractItemView.editTriggers	NoEditTriggers：不能对单元格内容进行修改 CurrentChanged：任何时候都能对单元格内容进行修改 DoubleClicked：双击单元格可对单元格内容进行修改 SelectedClicked：单击已选中的内容可对单元格内容进行修改 EditKeyPressed：按下编辑键（一般为"F2"键）可对单元格内容进行修改 AnyKeyPressed：按下任意键就能修改单元格内容 AllEditTriggers：以上条件全包括

续表

属　　性	说　　明
QAbstractItemView.SelectionBehavior	SelectItems：选中单个单元格 SelectRows：选中一行 SelectColumns：选中一列
QAbstractItemView.SelectionMode	NoSelection：不能选择 SingleSelection：选中单个目标 MultiSelection：选中多个目标
QAbstractItemView.alternatingRowColors	各行交替明暗显示
horizontalHeaderVisible	是否显示水平标题栏
horizontalHeaderCascadingSectionResizes	用户调整水平标题栏达到最小宽度后，是否将交互式大小调整级联到以下部分
horizontalHeaderDefaultSectionSize	默认每栏等宽显示
horizontalHeaderHighlightSections	水平标题栏中所选项目部分是否突出显示
horizontalHeaderMinimumSectionSize	每栏可调节的最小宽度
horizontalHeaderShowSortIndicator	是否在水平标题栏显示排序指示器
horizontalHeaderStretchLastSection	表头中的最后一个可见部分是否占用所有可用空间
verticalHeaderVisible	是否显示垂直标题栏
verticalHeaderCascadingSectionResizes	用户调整垂直标题栏达到最小宽度后，是否将交互式大小调整级联到以下部分
verticalHeaderDefaultSectionSize	默认每行等宽显示
verticalHeaderHighligtSections	垂直标题栏中所选项目部分是否突出显示
verticalHeaderMinimumSectionSize	每行可调节的最小宽度
verticalHeaderShowSortIndicator	是否在垂直标题栏中显示排序指示器
verticalHeaderStretchLastSection	行中的最后一个可见部分是否占用所有可用空间

5.2.3　"退选课程"界面

在学生用户主界面中单击"学生选课"菜单下的"退选课程"选项，将进入"退选课程"界面（见图 5.5）。单击"刷新"按钮将显示当前学生已选修的课程，选中需要退选的课程，单击"退选"按钮，若该课程已经考试（已有成绩），则不允许退选；否则系统将询问是否退选该课程，在用户执行确认操作后完成退选课程操作，系统将刷新"已选课程"列表。

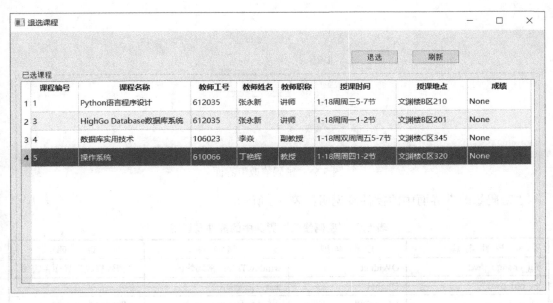

图 5.5　"退选课程"界面

"退选课程"界面中的控件及说明如表 5.5 所示。

表 5.5　"退选课程"界面中的控件及说明

控件名称	控件类型	属　　性	说　　明
frm_course_cancel	QWidget	windowTitle：退选课程 windowModality：ApplicationModal	"退选课程"界面主窗体
btn_cancel	QPushButton	text：退选	"退选"按钮
btn_refresh	QPushButton	text：刷新	"刷新"按钮
gbox	QGroupBox	title：已选课程	
tbw_course	QTableWidget	editTriggers：NoEditTriggers selectionBehavior：SelectRows selectionMode：SingleSelection alternatingRowColors：True QTableView.sortingEnabled：True	"已选课程"列表

5.2.4　"密码修改"界面

在学生用户主界面中单击"学生选课"菜单下的"修改密码"选项，将进入"密码修改"界面（见图 5.6）。用户在相应输入框中输入旧密码、新密码、确认密码，单击"确认"按钮，系统将检测三个密码输入框中的内容的正确性，若正确则修改密码成功，否则系统将提示密码修改失败。若用户想重新输入相应密码，可单击"重置"按钮，"旧密码"输入框、"新密码"输入框、"确认密码"输入框将清空。

图 5.6　"密码修改"界面

"密码修改"界面中的控件及说明如表 5.6 所示。

表 5.6　"密码修改"界面中的控件及说明

控件名称	控件类型	属　　性	说　　明
dlg_change_pwd	QWidget	windowTitle：密码修改	"密码修改"界面主窗体
lbl_old_pwd	QLabel	text：旧密码：	
edt_old_pwd	QLineEdit	echoMode：Password	"旧密码"输入框
lbl_new_pwd	QLabel	text：新密码：	
edt_new_pwd	QLineEdit	echoMode：Password	"新密码"输入框
lbl_pwd_confirm	QLabel	text：确认密码：	
edt_pwd_confirm	QLineEdit	echoMode：Password	"确认密码"输入框
btn_conform	QPushButton	text：确认	"确认"按钮
btn_reset	QPushButton	text：重置	"重置"按钮

5.2.5　"关于"界面

在学生用户主界面中单击"帮助"菜单下的"关于"选项，将进入"关于"界面（见图 5.7）。

图 5.7　"关于"界面

由于"关于"界面只具有显示作用，所以将其窗体类型设置为 QDialog（对话框）。"关于"界面中的控件及说明如表 5.7 所示。

表 5.7 "关于"界面中的控件及说明

控 件 名 称	控 件 类 型	属 性	说 明
dlg_about	QDialog	windowTitle：关于 windowModality：ApplicationModal	"关于"对话框
gBox1	QGroupBox	title：About SCSMIS	
lbl1	QLabel	title：学生选课管理信息系统，英文名为:Student Course Selection Management Information System,缩写为 SCSMIS	
gBox2	QGroupBox	title：About Author	
lbl2	QLabel	title：YongXin Zhang(张永新)　　yxzhang@sdnu.edu.cn	
btnBox	QDialogButtonBox	standardButtons：[OK]	

在"关于"界面中，单击"OK"按钮将关闭当前界面，这里使用 Qt Designer 中的编辑信号/槽功能来实现（见图 5.8）。

（1）单击"编辑信号/槽"按钮。

（2）将鼠标指针放到"OK"按钮上，按住鼠标左键。

（3）拖拽"OK"按钮至目标位置（当前对话框），松开鼠标左键。

（4）在弹出的"配置连接"对话框中，勾选"显示从 QWidget 继承的信号和槽"复选框，在左侧列表框中选择"clicked(QAbstractButton*)"（信号），在右侧列表框中选择"close()"（槽函数），单击"OK"按钮完成设置。

图 5.8 编辑信号/槽

这里可以认为是信号与槽函数关联的另一种处理方式，如果槽函数是控件的一个简单动作（这里是对话框的关闭），那么用这种方式比较方便。自动生成的相关代码如下：

```
1. self.btnBox.clicked['QAbstractButton*'].connect(dlg_about.close)
```

5.3 教师用户界面

5.3.1 教师用户主界面

教师用户主界面（见图 5.9）包括开设课程、选课成绩、修改密码、关于等功能，相应功能通过菜单方式展现。其中修改密码功能和关于功能与学生用户界面相应设置类似，本节将不再介绍。

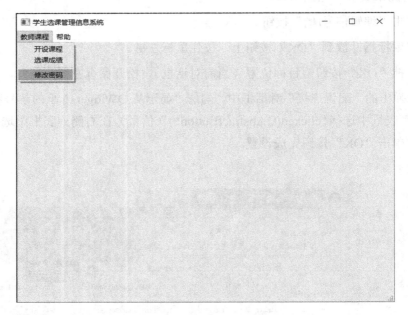

图 5.9　教师用户主界面

教师用户主界面中的控件及说明如表 5.8 所示。

表 5.8　教师用户主界面中的控件及说明

控 件 名 称	控 件 类 型	属　　　性	说　　　明
frm_main_stu	QMainWindow	windowTitle：学生选课管理信息系统	教师用户主界面主窗体
menubar	QMenuBar		主菜单栏
menu1	QMenu	title：教师课程	子菜单 1

续表

控 件 名 称	控 件 类 型	属 性	说 明
menu2	QMenu	title: 帮助	子菜单 2
m_course_offer	QAction	title: 开设课程	子菜单 1-1
m_course_grade	QAction	title: 选课成绩	子菜单 1-2
	QAction		子菜单 1-3: 分隔符
m_change_pwd	QAction	title: 修改密码	子菜单 1-4
m_about	QAction	title: 关于	子菜单 2-1

5.3.2 "开设课程"界面

在教师用户主界面中单击"教师课程"菜单下的"开设课程"选项，将进入"开设课程"界面（见图 5.10）。单击"刷新"按钮，将显示当前教师可以开设的课程（教师想开设但尚未开设的课程），选中需要开设的课程，输入相应的授课时间和授课地点，单击"开课"按钮，系统将询问是否开设该课程，在用户执行确认操作后完成开设课程操作，系统将刷新"可选课程"列表。

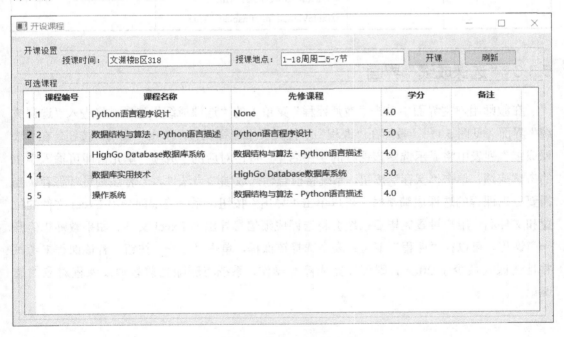

图 5.10 "开设课程"界面

"开设课程"界面中的控件及说明如表 5.9 所示。

表 5.9 "开设课程"界面中的控件及说明

控 件 名 称	控 件 类 型	属 性	说 明
frm_course_offer	QWidget	windowTitle：开设课程 windowModality：ApplicationModal	"开设课程"界面主窗体
gbox_setting	QGroupBox	title：开课设置	
lbl_time	QLabel	text：授课时间：	
edt_time	QLineEdit		"授课时间"输入框
lbl_place	QLabel	text：授课地点：	
edt_place	QLineEdit		"授课地点"输入框
btn_offer	QPushButton	text：开课	"开课"按钮
btn_refresh	QPushButton	text：刷新	"刷新"按钮
gbox_course	QGroupBox	title：可选课程	
tbw_course	QTableWidget	editTriggers：NoEditTriggers selectionBehavior：SelectRows selectionMode：SingleSelection alternatingRowColors：True QTableView.sortingEnabled：True	"可选课程"列表

5.3.3 "选课成绩"界面

在教师用户主界面中单击"教师课程"菜单下的"选课成绩"选项，将进入"选课成绩"界面（见图 5.11）。教师在"课程"下拉列表中选择课程，单击"查询"按钮，在"选课成绩"列表中将显示选修该课程的学生名单，双击对应的"成绩"单元格即可输入学生的考试成绩，单击"保存"按钮，系统将检查输入成绩的合法性，若合法则进行保存。当需要导出课程的选课成绩单时，可以单击"导出"按钮，系统将询问导出 Excel 文件的位置和文件名，用户设置完毕后系统会将选课成绩信息导出为 Excel 文件。如果教师想停开一门课程，可以在"课程"下拉列表中选择该课程，单击"停开"按钮，若该课程未考试并且选课人数少于 20 人，则可以完成停开操作，系统将删除当前教师及课程对应的选课记录。

图 5.11 "选课成绩"界面

"选课成绩"界面中的控件及说明如表 5.10 所示。

表 5.10 "选课成绩"界面中的控件及说明

控 件 名 称	控 件 类 型	属 性	说 明
frm_course_gradet	QWidget	windowTitle：选课成绩 windowModality：ApplicationModal	"选课成绩"界面主窗体
gbox_setting	QGroupBox	title：选课设置	
lbl_course	QLabel	text：课程：	
cmb_course	QCombobox		"课程"下拉列表
btn_query	QPushButton	text：查询	"查询"按钮
btn_save	QPushButton	text：保存	"保存"按钮
btn_export	QPushButton	text：导出	"导出"按钮
btn_cancel	QPushButton	text：停开	"停开"按钮
gbox_course	QGroupBox	title：选课成绩	
tbw_course	QTableWidget	selectionMode：SingleSelection alternatingRowColors：True QTableView.sortingEnabled：True	"选课成绩"列表

5.4 管理员用户界面

5.4.1 管理员用户主界面

管理员用户主界面（见图 5.12）包括学院信息维护、学生信息维护、教师信息维护、课程信息维护、管理员信息维护、修改密码、关于等功能，相应功能通过菜单方式展现。其中修改密码功能和关于功能与学生用户界面相应设置类似，本节将不再介绍。

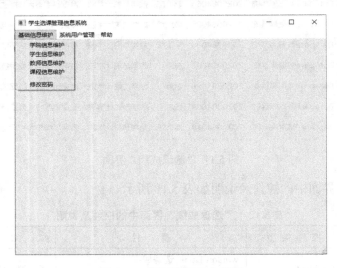

图 5.12　管理员用户主界面

管理员用户主界面中的控件及说明如表 5.11 所示。

表 5.11　管理员用户主界面中的控件及说明

控 件 名 称	控 件 类 型	属 性	说 明
frm_main_stu	QMainWindow	windowTitle：学生选课管理信息系统	管理员用户主界面主窗体
menubar	QMenuBar		主菜单栏
menu1	QMenu	title：基础信息维护	子菜单 1
menu2	QMenu	title：系统用户管理	子菜单 2
Menu3	QMenu	title：帮助	子菜单 3
m_college	QAction	title：学院信息维护	子菜单 1-1
m_student	QAction	title：学生信息维护	子菜单 1-2
m_teacher	QAction	title：教师信息维护	子菜单 1-3
m_course	QAction	title：课程信息维护	子菜单 1-4
	QAction		子菜单 1-5：分隔符
m_change_pwd	QAction	title：修改密码	子菜单 1-6
m_admin	QAction	title：管理员信息维护	子菜单 2-1
m_about	QAction	title：关于	子菜单 3-1

5.4.2　"学院信息管理"界面

在管理员用户主界面中单击"基础信息维护"菜单下的"学院信息维护"选项，将进入"学院信息管理"界面（见图 5.13）。用户输入查询条件（学院编号、学院名称），单击"查询"按钮，将在"学院列表"列表中显示符合条件的学院信息，由于用户可能记不住学院编号、学院名称的全名，所以此处需支持模糊查询。用户在"学院列表"列表中选择学院，系统将在"学院信息管理"列表的对应输入框中显示学院编号、学院名称及备注信息。在查询状态下，"学院信息管理"选区中的各输入框不可编辑。单击"修改"按钮，各输入框将进入可编辑状态，其中必填的输入框后将以"*"标记，用户完成信息修改后，单击"保存"按钮，系统将检查输入信息的合法性，若输入信息合法，则将完成对该学院信息的修改。若要添加新学院，则可单击"添加"按钮，"学院信息管理"选区中的各输入框将被清空并进入可编辑状态，用户输入新学院信息后单击"保存"按钮，系统将检查输入信息的合法性，若输入信息合法，则将完成对该学院信息的添加。若需要删除一条学院信息，则先在"学院列表"列表中选中要删除的学院，然后单击"删除"按钮，系统将询问是否删除该学院，在用户执行确认操作后系统将检查该学院是否已有教师或学生信息，若已有教师或学生信息，则该学院信息不可被删除；否则可以实现学院信息的删除。

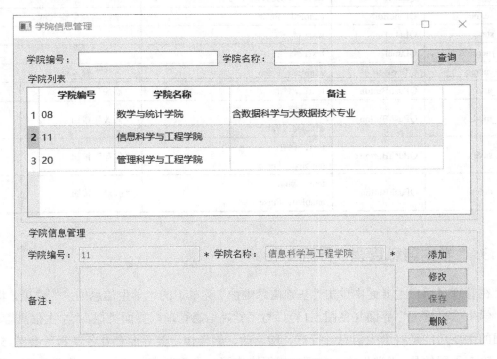

图 5.13　"学院信息管理"界面

"学院信息管理"界面中的控件及说明如表 5.12 所示。

表 5.12 "学院信息管理"界面中的控件及说明

控件名称	控件类型	属性	说明
frm_college	QWidget	windowTitle: 学院信息管理 windowModality: ApplicationModal	"学院信息管理"界面主窗体
lbl_query_id	QLabel	text: 学院编号:	
edt_query_id	QLineEdit		"学院编号"输入框（查询条件）
lbl_query_name	QLabel	text: 学院名称:	
edt_query_name	QLineEdit		"学院名称"输入框（查询条件）
gbox_list	QGroupBox	title: 学院列表	
tbw_college	QTableWidget	editTriggers: NoEditTriggers selectionBehavior: SelectRows selectionMode: SingleSelection alternatingRowColors: True QTableView.sortingEnabled: True	"学院列表"列表
gbox_manage	QGroupBox	title: 学院信息管理	
lbl_id	QLabel	text: 学院编号:	
edt_id	QLineEdit	enabled: False	"学院编号"输入框
lbl_star1	QLabel	text: *	
lbl_name	QLabel	text: 学院名称:	
edt_name	QLineEdit	enabled: False	"学院名称"输入框
lbl_star2	QLabel	text: *	
lbl_memo	QLabel	text: 备注	
xdt_memo	QTextEdit	enabled: False	"备注"输入框
btn_add	QPushButton	text: 添加	"添加"按钮
btn_modify	QPushButton	text: 修改 enabled: False	"修改"按钮
btn_save	QPushButton	text: 保存 enabled: False	"保存"按钮
btn_delete	QPushButton	text: 删除 enabled: False	"删除"按钮

5.4.3 "学生信息管理"界面

在管理员用户主界面中单击"基础信息维护"菜单下的"学生信息维护"选项，将进入"学生信息管理"界面（见图 5.14）。与"学院信息管理"界面类似，"学生信息管理"界面的主要功能是对学生信息进行查、增、改、删操作，其界面和业务逻辑可参考 5.4.2 节。略有不同的是，"学生信息管理"界面中多了一个重置密码功能。如果学生忘记自己的密码，可通过该界面将其密码重置为初始密码（123456）。

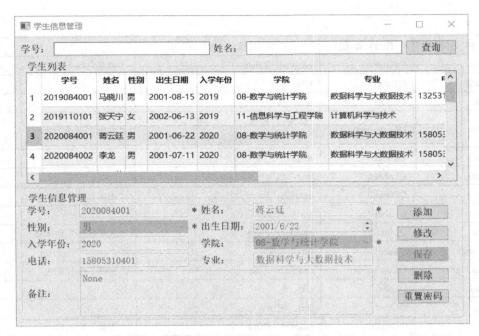

图 5.14 "学生信息管理"界面

"学生信息管理"界面中的控件及说明如表 5.13 所示。

表 5.13 "学生信息管理"界面中的控件及说明

控件名称	控件类型	属性	说明
frm_student	QWidget	windowTitle：学生信息管理 windowModality：ApplicationModal	"学生信息管理"界面主窗体
lbl_query_id	QLabel	text：学号：	
edt_query_id	QLineEdit		"学号"输入框（查询条件）
lbl_query_name	QLabel	text：姓名：	
edt_query_name	QLineEdit		"姓名"输入框（查询条件）
btn_query	QPushButton	text：查询	"查询"按钮
gbox_list	QGroupBox	title：学生列表	
tbw_student	QTableWidget	editTriggers：NoEditTriggers selectionBehavior：SelectRows selectionMode：SingleSelection alternatingRowColors：True QTableView.sortingEnabled：True	"学生列表"列表
gbox_manage	QGroupBox	title：学生信息管理	
lbl_id	QLabel	text：学号：	
edt_id	QLineEdit	enabled：False	"学号"输入框
lbl_star1	QLabel	text：*	
lbl_name	QLabel	text：姓名：	

控 件 名 称	控 件 类 型	属 性	说 明
edt_name	QLineEdit	enabled：False	"姓名"输入框
lbl_star2	QLabel	text：*	
lbl_sex	QLabel	text：性别：	
cmb_sex	QCombobox	enabled：False 下拉列表中的选项包括：男、女	"性别"下拉列表
lbl_star3	QLabel	text：*	
lbl_birth	QLabel	text：出生日期：	
ddt_birth	QDateEdit	enabled：False	"出生日期"输入框
lbl_year	QLabel	text：入学年份：	
edt_year	QLineEdit	enabled：False	"入学年份"输入框
lbl_college	QLabel	text：学院：	
cmb_college	QCombobox	enabled：False	"学院"下拉列表
lbl_star4	QLabel	text：*	
lbl_tel	QLabel	text：电话：	
edt_tel	QLineEdit	enabled：False	"电话"输入框
lbl_speciality	QLabel	text：专业：	
edt_speciality	QLineEdit	enabled：False	"专业"输入框
lbl_memo	QLabel	text：备注：	
xdt_memo	QTextEdit	enabled：False	"备注"输入框
btn_add	QPushButton	text：添加	"添加"按钮
btn_modify	QPushButton	text：修改 enabled：False	"修改"按钮
btn_save	QPushButton	text：保存 enabled：False	"保存"按钮
btn_delete	QPushButton	text：删除 enabled：False	"删除"按钮
btn_reset	QPushButton	text：重置密码 enabled：False	"重置密码"按钮

5.4.4 "教师信息管理"界面

在管理员用户主界面中单击"基础信息维护"菜单下的"教师信息维护"选项，将进入"教师信息管理"界面（见图5.15），其界面和业务逻辑可参考5.4.3节。

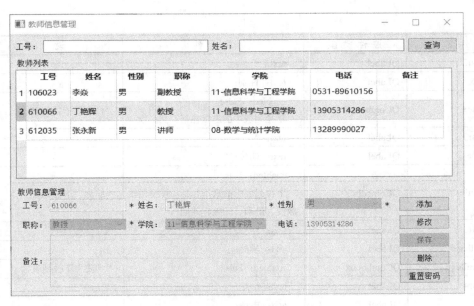

图 5.15 "教师信息管理"界面

"教师信息管理"界面中的控件及说明如表 5.14 所示。

表 5.14 "教师信息管理"界面中的控件及说明

控 件 名 称	控 件 类 型	属 性	说 明
frm_teacher	QWidget	windowTitle：教师信息管理 windowModality：ApplicationModal	"教师信息管理"界面主窗体
lbl_query_id	QLabel	text：工号：	
edt_query_id	QLineEdit		"工号"输入框（查询条件）
lbl_query_name	QLabel	text：姓名：	
edt_query_name	QLineEdit		"姓名"输入框（查询条件）
btn_query	QPushButton	text：查询	"查询"按钮
gbox_list	QGroupBox	title：教师列表	
tbw_teacher	QTableWidget	editTriggers：NoEditTriggers selectionBehavior：SelectRows selectionMode：SingleSelection alternatingRowColors：True QTableView.sortingEnabled：True	"教师列表"列表
gbox_manage	QGroupBox	title：教师信息管理	
lbl_id	QLabel	text：工号：	
edt_id	QLineEdit	enabled：False	"工号"输入框
lbl_star1	QLabel	text：*	
lbl_name	QLabel	text：姓名：	
edt_name	QLineEdit	enabled：False	"姓名"输入框

控 件 名 称	控 件 类 型	属 性	说 明
lbl_star2	QLabel	text：*	
lbl_sex	QLabel	text：性别：	
cmb_sex	QCombobox	enabled：False 下拉列表中的选项包括：男、女	"性别"下拉列表
lbl_star3	QLabel	text：*	
lbl_title	QLabel	text：职称：	
cmb_title	QCombobox	enabled：False 下拉列表中的选项包括：教授、副教授、讲师、助教、其他	"职称"下拉列表
lbl_star3	QLabel	text：*	
lbl_college	QLabel	text：学院：	
cmb_college	QCombobox	enabled：False	"学院"下拉列表
lbl_star4	QLabel	text：*	
lbl_tel	QLabel	text：电话：	
edt_tel	QLineEdit	enabled：False	"电话"输入框
lbl_memo	QLabel	text：备注：	
xdt_memo	QTextEdit	enabled：False	"备注"输入框
btn_add	QPushButton	text：添加	"添加"按钮
btn_modify	QPushButton	text：修改 enabled：False	"修改"按钮
btn_save	QPushButton	text：保存 enabled：False	"保存"按钮
btn_delete	QPushButton	text：删除 enabled：False	"删除"按钮
btn_reset	QPushButton	text：重置密码 enabled：False	"重置密码"按钮

5.4.5 "课程信息管理"界面

在管理员用户主界面中单击"基础信息维护"菜单下的"课程信息管理"选项，将进入"课程信息管理"界面（见图 5.16），其界面和业务逻辑可参考 5.4.2 节。

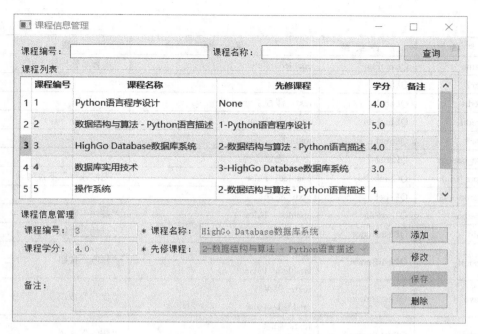

图 5.16 "课程信息管理"界面

"课程信息管理"界面中的控件及说明如表 5.15 所示。

表 5.15 "课程信息管理"界面中的控件及说明

控 件 名 称	控 件 类 型	属 性	说 明
frm_course	QWidget	windowTitle：课程信息管理 windowModality：ApplicationModal	"课程信息管理"界面主窗体
lbl_query_id	QLabel	text：课程编号：	
edt_query_id	QLineEdit		"课程编号"输入框（查询条件）
lbl_query_name	QLabel	text：课程名称：	
edt_query_name	QLineEdit		"课程名称"输入框（查询条件）
gbox_list	QGroupBox	title：课程列表	
tbw_course	QTableWidget	editTriggers：NoEditTriggers selectionBehavior：SelectRows selectionMode：SingleSelection alternatingRowColors：True QTableView.sortingEnabled：True	"课程列表"列表
gbox_manage	QGroupBox	title：课程信息管理	
lbl_id	QLabel	text：课程编号：	
edt_id	QLineEdit	enabled：False	"课程编号"输入框
lbl_star1	QLabel	text：*	
lbl_name	QLabel	text：课程名称：	

控 件 名 称	控 件 类 型	属 性	说 明
edt_name	QLineEdit	enabled：False	"课程名称"输入框
lbl_star2	QLabel	text：*	
lbl_credit	QLabel	text：课程学分：	
edt_credit	QLineEdit	enabled：False	"课程学分"输入框
lbl_star3	QLabel	text：*	
lbl_pre_course	QLabel	text：先修课程：	
cmb_pre_course	QCombobox	enabled：False	"先修课程"下拉列表
lbl_memo	QLabel	text：备注：	
xdt_memo	QTextEdit	enabled：False	"备注"输入框
btn_add	QPushButton	text：添加	"添加"按钮
btn_modify	QPushButton	text：修改 enabled：False	"修改"按钮
btn_save	QPushButton	text：保存 enabled：False	"保存"按钮
btn_delete	QPushButton	text：删除 enabled：False	"删除"按钮

5.4.6 "管理员用户管理"界面

在管理员用户主界面中单击"系统用户管理"菜单下的"管理员信息维护"选项，进入"管理员用户管理"界面（见图5.17），其界面和业务逻辑可参考5.4.3节。

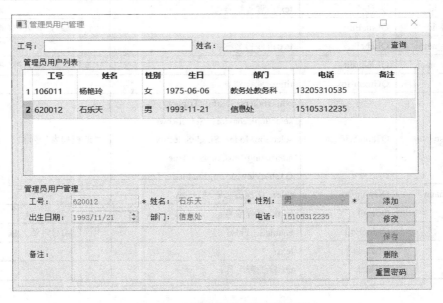

图 5.17 "管理员用户管理"界面

"管理员用户管理"界面中的控件及说明如表 5.16 所示。

表 5.16　"管理员用户管理"界面中的控件及说明

控 件 名 称	控 件 类 型	属　　性	说　　明
frm_admin	QWidget	windowTitle：管理员用户管理 windowModality：ApplicationModal	"管理员用户管理"界面中的主窗体
lbl_query_id	QLabel	text：工号：	
edt_query_id	QLineEdit		"工号"输入框（查询条件）
lbl_query_name	QLabel	text：姓名：	
edt_query_name	QLineEdit		"姓名"输入框（查询条件）
gbox_list	QGroupBox	title：管理员用户列表	
tbw_admin	QTableWidget	editTriggers：NoEditTriggers selectionBehavior：SelectRows selectionMode：SingleSelection alternatingRowColors：True QTableView.sortingEnabled：True	"管理员用户列表"列表
gbox_manage	QGroupBox	title：管理员用户管理	
lbl_id	QLabel	text：工号：	
edt_id	QLineEdit	enabled：False	"工号"输入框
lbl_star1	QLabel	text：*	
lbl_name	QLabel	text：姓名：	
edt_name	QLineEdit	enabled：False	"姓名"输入框
lbl_star2	QLabel	text：*	
lbl_sex	QLabel	text：性别：	
cmb_sex	QCombobox	enabled：False 下拉列表中的选项包括：男、女	"性别"下拉列表
lbl_star3	QLabel	text：*	
lbl_birth	QLabel	text：出生日期：	
ddt_birth	QDateEdit	enabled：False	"出生日期"输入框
lbl_dept	QLabel	text：部门：	
edt_dept	QLineEdit	enabled：False	"部门"输入框
lbl_tel	QLabel	text：电话	
edt_tel	QLineEdit	enabled：False	"电话"输入框
lbl_memo	QLabel	text：备注：	
xdt_memo	QTextEdit	enabled：False	"备注"输入框
btn_add	QPushButton	text：添加	"添加"按钮
btn_modify	QPushButton	text：修改	"修改"按钮
btn_save	QPushButton	text：保存	"保存"按钮
btn_delete	QPushButton	text：删除	"删除"按钮
btn_reset	QPushButton	text：重置密码	"重置密码"按钮

5.5　小结

　　根据本章给出的界面元素及其参数，读者可以借助 PyQt5 在不写一行代码的情况下轻松完成系统界面的设计。构建好系统界面后，再建立对应的逻辑文件（xxx_run.py）以实现对界面的显示，读者可以根据显示效果对界面进行调整。

　　当然，本章给出的界面仅仅满足了功能设计中的最基本要求，读者可以对这些界面进行调整和改进，使界面更加美观，对用户更加友好。PyQt5 还提供了非常强大的界面美化功能（如布局工具、Qt 样式表等），期待读者进一步的挖掘和学习。

第 *6* 章

功能实现

6.1 使用 Python 操作 HighGo Database

本节将介绍如何利用 psycopg 在 Python 中操作 HighGo Database。psycopg 是 Python 编程语言中最流行的 PostgreSQL 数据库适配器，它的主要功能是完整地实现 Python DB API 2.0 规范并支持多线程并发操作。由于 HighGo Database 是基于开源 PostgreSQL 开发的国产数据库，所以这里选用 psycopg 作为 HighGo Database 的适配器，以便在 Python 中安全、高效、方便地操作 HighGo Database。

1. 安装 psycopg2

psycopg2 的安装过程和 PyQt5 的安装过程类似（见图 6.1）。

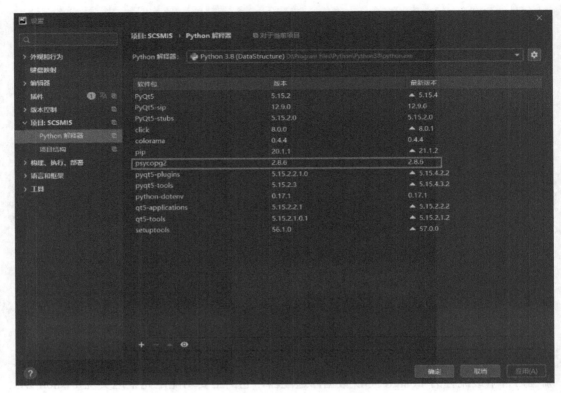

图 6.1   安装 psycopg2

2. 建立数据库连接

使用 psycopg2 的 connect()函数建立数据库连接对象。connect()函数常用参数及说明
如表 6.1 所示。

表 6.1   connect()函数常用参数及说明

参　　数	说　　明
host	数据库服务器名或地址
user	用户名
password	密码
port	端口号
database	数据库名称
charset	字符集

使用 psycopg2 连接 HighGo Database 的示例代码如下：

```
1. import psycopg2
2.
3. conn = psycopg2.connect(host="localhost",          # 数据库服务器名或地址
4.                  user="highgo",                      # 用户名
```

```
5.                   password="highgo5866",              # 密码
6.                   port="5866",                        # 端口号
7.                   database="SCSMIS")                   # 数据库名称
8. print("数据库连接成功！！！")
```

数据库连接对象表示目前和数据库的会话，其方法及说明如表 6.2 所示。

表 6.2　连接对象方法及说明

方　法　名	说　　明
close()	关闭数据库连接
commit()	提交事务
rollback()	回滚事务
cursor()	获取游标对象，操作数据库，如执行 DML 操作、调用存储过程等

生成数据库连接对象后，可以通过连接对象的 cursor()方法获取游标对象，游标对象代表数据库中的游标，用于执行 SQL 语句、调用存储过程、获取查询结果等，可以说游标对象是操作数据库的主要对象。游标对象方法及说明如表 6.3 所示。

表 6.3　游标对象方法及说明

方　法　名	说　　明
callproc(procname[,parameters])	调用存储过程，需要数据库支持
close()	关闭当前游标
execute(operation[,parameters])	执行数据库操作、SQL 语句或数据库命令
executemany(operation,seq_of_params)	用于批量操作，如批量更新
fetchone()	获取查询结果集的下一条记录
fetchmany(size)	获取指定数量的记录
fetchall()	获取查询结果集的所有记录
nextset()	跳至下一个可用的查询结果集
arraysize	指定使用 fetchmany()方法获取的行数，默认为 1
setinputsizes(sizes)	设置在调用 execute()方法时分配的内存区域大小
setoutputsieze(sizes)	设置列缓冲区大小，对大数据列（如 LONGS 和 BLOBS）尤其有用

接下来使用游标对象来进行简单的建表和数据操作。

3．建表操作

为了测试游标对象的使用，这里创建一个 t_test 表，包含 f_id（整型）和 f_name（文本型）两个字段，具体代码如下：

```
01. import psycopg2
02.
03. conn = psycopg2.connect(host="localhost",          # 数据库服务器名或地址
04.                 user="highgo",                      # 用户名
```

```
05.                         password="highgo5866",      # 密码
06.                         port="5866",                # 端口号
07.                         database="SCSMIS")           # 数据库名称
08. print("数据库连接成功！！！")
09. cur = conn.cursor()                                  # 创建游标对象
10. cur.execute("create table t_test(f_id integer, f_name text) ")# 执行建表SQL命令
11. conn.commit()                                        # 提交事务
12. print("表创建成功！！！")
13. cur.close()                                          # 关闭游标
14. conn.close()                                         # 关闭连接
```

具体代码实现时需注意如下两点。

（1）代码第 11 行：使用游标对象执行建表语句后，需要使用连接对象提交事务才能真正将建立的表保存在数据库中。这是因为在 psycopg 中，事务是由连接对象处理的，当创建游标对象时，一个事务就建立了。接下来的 SQL 命令都会在这个事务中执行，不仅仅是这个游标的 SQL 命令，只要是同一个连接对象创建的游标，其 SQL 命令都会在这一个事务中进行。因此，可以使用连接对象的提交（commit()）和回滚（rollback()）方法来控制事务，再结合 Python 中的异常控制语句来处理成功或失败的操作。

（2）代码第 13 行和第 14 行：基于安全和节约资源的考虑，在使用完游标和连接后会将它们关闭，以释放资源。

4．基本的数据操作（增、删、改、查）

（1）向 t_test 表中添加 3 条记录，代码如下：

```
1. cur.execute("insert into t_test values(1, 'Microsoft')")
2. cur.execute("insert into t_test values(2, 'Apple')")
3. cur.execute("insert into t_test values(3, 'HighGo')")
```

（2）删除编号为 2 的记录，代码如下：

```
1. cur.execute("delete from t_test where f_id = 2")
```

（3）将编号为 3 的记录的名称改为"HighGo Database"，代码如下：

```
1. cur.execute("update t_test set f_name = 'HighGo Database' where f_id = 3")
```

（4）显示 t_test 表中的所有记录信息，代码如下：

```
1. cur.execute("select * from t_test")
2. result = cur.fetchall()
3. print(result)
```

程序执行结果如下所示：

```
[(1, 'Microsoft'), (3, 'HighGo Database')]
```

这里我们使用游标对象的 fetchall()方法获取查询结果集中的所有记录，返回一个 List 对象，我们可以对这个 List 对象进行进一步检索操作。另外，还可以使用 fetchone()和 fetchmany()方法对查询结果集进行访问，请读者自行尝试。

6.2　学生功能

6.2.1　登录功能

根据视图和业务分离的原则，新建一个 login.py 文件，用以编写登录功能的逻辑代码，后续的处理方式都将如此，不再赘述。

用户一旦登录成功，其在使用过程中账号、密码（除修改密码外）、用户类型都将保持不变，所以需要将账号、密码、用户类型作为全局变量记录下来，以便其他功能（如选修课程、退选课程、修改密码等）的使用。单独建立一个 Python 文件（utilities.py），将各模块使用的全局变量及公共函数放至该文件中，其中全局变量定义如下：

```
1. user = ""
2. pwd = ""
3. user_type = -1 # 定义全局变量以记录当前账号、密码、用户类型（0 为学生、1 为教师、2 为管理员）
```

接着，定义"登录"按钮和"重置"按钮对应的槽函数。其中，"登录"按钮的槽函数逻辑略微复杂，需要先获取用户输入的账号、密码、用户类型，然后根据用户类型的不同，构建查询语句，接着在数据库中提交语句以检测用户的合法性，最后根据用户类型进入不同用户主界面。数据库的连接及查询操作的处理请参考 6.1 节，这里的 SQL 语句是通过拼接字符串的方式构建的，请读者仔细体会如下代码及其注释并对其进行复现：

```
01.    def check_user(self):
02.        """判断账号、密码、用户类型是否匹配，若合法则打开主界面并关闭登录界面"""
03.        utilities.user = self.edt_user.text()      # 写入全局变量
04.        utilities.pwd = self.edt_pwd.text()
05.        if utilities.user == "" or utilities.pwd == "":
06.            QMessageBox.warning(self, "学生选课管理信息系统", "账号和密码不可为空！")
07.            return
08.        # 生成检查用户合法性的 SQL 语句
09.        if self.rdo_student.isChecked():            # 学生
10.            utilities.user_type = 0
11.            str_sql = "select * from t_student where f_stu_id='" \
12.                    + utilities.user + "' and f_password='" + utilities.pwd + "'"
13.        elif self.rdo_teacher.isChecked():          # 教师
```

```
14.              utilities.user_type = 1
15.              str_sql = "select * from t_teacher where f_teach_id='" \
16.                      + utilities.user + "' and f_password='" + utilities.pwd + "'"
17.          else:                                                    # 管理员
18.              utilities.user_type = 2
19.              str_sql = "select * from t_admin where f_user_id='" \
20.                      + utilities.user + "' and f_password='" + utilities.pwd + "'"
21.          # 创建数据库连接
22.          conn = psycopg2.connect(host="localhost",      # 数据库服务器名或地址
23.                                  user="highgo",          # 用户名
24.                                  password="highgo5866",  # 密码
25.                                  port="5866",            # 端口号
26.                                  database="SCSMIS")      # 数据库名称
27.          cur = conn.cursor()                             # 创建游标对象
28.          cur.execute(str_sql)                            # 使用游标对象执行 SQL 语句
29.          result = cur.fetchall()
30.          if len(result) == 0:                            # 结果集为空: 未找到对应记录
31.              QMessageBox.warning(self, "系统登录", "账号、密码和用户类型不匹配, 请重新输入! ")
32.              return
33.          # QMessageBox.information(self, "学生选课管理信息系统", "登录成功! ")
34.          cur.close()                                     # 关闭游标
35.          conn.close()                                    # 关闭连接, 释放资源
36.          if self.rdo_student.isChecked():                # 学生: 显示学生用户主界面
37.              self.frm_stu_main.show()
38.          elif self.rdo_teacher.isChecked():              # 教师: 显示教师用户主界面
39.              self.frm_teach_main.show()
40.          else:                                           # 管理员: 显示管理员用户主界面
41.              self.frm_admin_main.show()
42.          self.close()                                    # 登录成功, 关闭当前窗口
```

"重置"按钮的槽函数如下:

```
1.    def reset(self):
2.        self.edt_user.setText("")
3.        self.edt_pwd.setText("")
```

接着, 定义登录 (DlgLogin) 的构造函数, 在其中对登录窗体进行实例化和界面显示, 并将信号与槽函数进行连接。同时, 为了便于登录时跳转界面, 三类用户的主界面也将在构造函数中实例化。具体代码如下:

```
1. class DlgLogin(QWidget, Ui_frm_login):                   # 继承界面文件的主窗口类
2.    def __init__(self, parent=None):
3.        super(DlgLogin, self).__init__(parent)            # 初始化父类
4.        self.setupUi(self)                                # 设置窗体 UI
5.        self.frm_stu_main = FrmStuMain()                  # 创建学生用户主界面 frm_stu_main
```

```
6.      self.frm_teach_main = FrmTeachMain()        # 创建教师用户主界面 frm_teach_main
7.      self.frm_admin_main = FrmAdminMain()        # 创建管理员用户主界面 frm_admin_main
8.      self.btn_login.clicked.connect(self.check_user) # 连接"登录"按钮单击信号和槽函数
9.      self.btn_reset.clicked.connect(self.reset)      # 连接"重置"按钮单击信号和槽函数
```

由于用户登录是整个系统的入口，因此要在 login.py 文件中增加一个 main 函数：

```
1. if __name__ == '__main__':
2.      app = QApplication(sys.argv)          # 实例化 QApplication 类，作为主程序入口
3.      login = DlgLogin()                    # 创建 DlgLogin
4.      login.show()                          # 显示窗体
5.      sys.exit(app.exec_())                 # 退出应用程序
```

6.2.2　学生用户主界面

在学生用户主界面中，将通过菜单（QMenu）及菜单项来展示学生用户的每项功能。在菜单（QMenu）中，每个具体的功能菜单项都是一个 QAction 按钮，单击 QAction 按钮时，QMenu 对象会发射 triggered 信号，将该信号连接到相应的槽函数即可实现对象之间的通信。

在学生用户主界面中，共有四个菜单项：m_course_select（选修课程）、m_course_cancel（退选课程）、m_change_pwd（修改密码）、m_about（关于），这里的槽函数为相应界面的显示。需要注意的是，选修课程、退选课程及修改密码都有其对应的逻辑文件（xxx_run.py），相应的界面构造函数被定义在逻辑文件中，"关于"对话框由于仅用于显示，没有对应的逻辑文件，所以其处理方式不同于其他三个界面。具体代码如下：

```
01. from PyQt5 import QtWidgets
02. from PyQt5.QtWidgets import QMainWindow
03.
04. from stu_main import Ui_frm_main_stu
05. from course_select_run import FrmCourseSelect
06. from course_cancel_run import FrmCourseCancel
07. from change_pwd_run import FrmChangePwd
08. from about import Ui_dlg_about
09.
10.
11. def about_show(self):                    # 显示"关于"对话框
12.     dlg_ab = QtWidgets.QDialog()
13.     ui = Ui_dlg_about()
14.     ui.setupUi(dlg_ab)
15.     dlg_ab.show()
16.     dlg_ab.exec_()
17.
```

```
18. class FrmStuMain(QMainWindow, Ui_frm_main_stu):  # 继承界面文件的主窗口类
19.    def __init__(self, parent=None):
20.        super(FrmStuMain, self).__init__(parent)      # 对父类初始化
21.        self.setupUi(self)                            # 设置窗体 UI
22.        self.frm_course_select = FrmCourseSelect()    # 创建"选修课程"界面
23.        self.frm_course_cancel = FrmCourseCancel()    # 创建"退选课程"界面
24.        self.frm_change_pwd = FrmChangePwd()          # 创建"密码修改"界面
25.        # 连接菜单项单击信号和槽函数
26.        self.m_course_select.triggered.connect(self.course_select_show)
27.        self.m_course_cancel.triggered.connect(self.course_cancle_show)
28.        self.m_change_pwd.triggered.connect(self.change_pwd_show)
29.        self.m_about.triggered.connect(self.about_show)
30.
31.    def course_select_show(self):                     # 显示"选修课程"界面
32.        self.frm_course_select.show()
33.
34.    def course_cancle_show(self):                     # 显示"退选课程"界面
35.        self.frm_course_cancel.show()
36.
37.    def change_pwd_show(self):                        # 显示"密码修改"界面
38.        self.frm_change_pwd.show()
```

6.2.3　选修课程

选修课程的主要功能包括显示可选课程（对应于"刷新"按钮）和选修课程（对应于"选课"按钮），通过分别定义两个槽函数来实现，其中"刷新"按钮槽函数 refresh()的相关代码如下：

```
01.    def refresh(self):
02.        # 查询当前学生未选修（可选修）的课程列表
03.        str_sql = "select * from v_teach_course where f_course_id not in " + \
04.                "(select f_course_id from t_stu_course where f_stu_id = '" +
   utilities.user + "') " + \
05.                "order by f_course_id, f_teach_id"
06.        # 创建数据库连接
07.        conn = psycopg2.connect(host="localhost",  # 数据库服务器名或地址
08.                                user="highgo",         # 用户名
09.                                password="highgo5866", # 密码
10.                                port="5866",           # 端口号
11.                                database="SCSMIS")     # 数据库名称
12.        cur = conn.cursor()                            # 创建游标对象
13.        cur.execute(str_sql)
```

```
14.         result = cur.fetchall()                        # 查询结果集
15.         self.tbw_course.setRowCount(0)                 # 清空数据
16.         for row, row_data in enumerate(result):#将结果集组合为一个索引序列，row 表示行号
17.             self.tbw_course.insertRow(row)             # 插入行
18.             for col in range(len(row_data)):           # col 表示列号
19.                 self.tbw_course.setItem(row, col,
    QtWidgets.QTableWidgetItem(str(row_data[col])))
20.         cur.close()                                    # 关闭游标
21.         conn.close()                                   # 关闭连接
```

对于上述代码，需要注意以下几点。

（1）在构建查询 SQL 语句时使用了全局变量（utilities.user，学号），该全局变量是在学生登录系统时记录下的。

（2）查询 SQL 语句使用了 3.3.6 节创建的视图（v_teah_course），这使得 SQL 语句更加简洁、易懂。

（3）在显示查询结果集时，使用了 PyQt5 中的 QTableWidget 控件。作为一个管理信息系统，其主要功能就是对信息进行管理，所以后续将经常使用 QTableWidget 控件来对数据进行显示和编辑。QTableWidget 控件的详细使用方法请参考 PyQt5 官方文档，为了便于快速学习和查看，这里仅总结其常用属性和方法，如表 6.4 所示。

表 6.4　QTableWidget 控件的常用属性和方法

属性/方法名	说　明
setRowCount(int row)	设置 QTableWidget 控件的行数
setColumnCount(int col)	设置 QTableWidget 控件的列数
rowCount()	获得 QTableWidget 控件的行数
columnCount()	获得 QTableWidget 控件的列数
setItem(int row, int col ,QTableWidgetItem)	设置 QTableWidget 控件的单元格
insertRow(int row)	插入一行，row 为行号
insertColumn(int column)	插入一列，column 为列号
removeRow(int row)	删除一行，row 为行号
removeColumn(int column)	删除一列，column 为列号
selectedItems()	获取选中的 QTableWidgetItem 列表

为了使列表中的列宽可以手动调整，在类的构造函数中加入如下代码：

```
1. self.tbw_course.horizontalHeader().setSectionResizeMode(QHeaderView.Interactive)
```

选课槽函数 select() 的相关代码如下：

```
01.   def select(self):
02.       if self.tbw_course.currentRow() == -1:                    # 未选择课程
03.           QMessageBox.warning(self, "选修课程", "请选择您要选修的课程！")
04.           return
05.       course_id = self.tbw_course.selectedItems()[0].text()     # 所选课程编号
```

```
06.        course = self.tbw_course.selectedItems()[1].text()        # 所选课程名称
07.        teach_id = self.tbw_course.selectedItems()[2].text()        # 所选课程授课教师工号
08.        teacher = self.tbw_course.selectedItems()[3].text()        # 所选课程授课教师姓名
09.        if QMessageBox.No == QMessageBox.question(self, "选修课程", "你确定要选修" +
10.             teacher + "老师讲授的《" + course + "》? ", QMessageBox.Yes |
    QMessageBox.No, QMessageBox.Yes):
11.            return
12.        str_sql = "insert into t_stu_course(f_course_id, f_teach_id, f_stu_id)
    values('" + \
13.                course_id + "','" + teach_id + "','" + utilities.user + "')"
14.        # 创建数据库连接
15.        conn = psycopg2.connect(host="localhost",        # 数据库服务器名或地址
16.                                user="highgo",        # 用户名
17.                                password="highgo5866",        # 密码
18.                                port="5866",        # 端口号
19.                                database="SCSMIS")        # 数据库名称
20.        cur = conn.cursor()        # 创建游标对象
21.        cur.execute(str_sql)
22.        conn.commit()
23.        QMessageBox.information(self, "选修课程", "课程选修成功! ")
24.        cur.close()        # 关闭游标
25.        conn.close()        # 关闭连接
26.        self.refresh()        # 刷新可选课程列表
```

在实际的项目开发过程中，经常会使用消息对话框和用户进行交互，如提示用户输入的合法性、让用户对执行的操作进行确认、对用户可能存在危险的操作进行警告。因此，QMessageBox 将是我们在本项目开发过程中经常用到的控件，这里对 QMessageBox 控件的几种类型和使用方法进行简单总结（见表 6.5），以便读者学习使用。

表 6.5　QMessageBox 的常用类型

类　　型	说　　明
消息对话框	用于向用户提示信息，如： QMessageBox.information(self, "标题", "消息正文")
提问对话框	用于向用户确认信息，如： QMessageBox.question(self, "标题", "消息正文", QMessageBox.Yes | QMessageBox.No, QMessageBox.Yes)
警告对话框	用于告诉用户警告消息，如： QMessageBox.warning(self, "标题", "消息正文", QMessageBox.Ok)
错误对话框	用于告诉用户错误消息，如： QMessageBox.critical(self, "标题", "消息正文")

　　退选课程功能的实现与选修课程功能的实现类似，请读者参考本节相关代码自行实现。

6.2.4　修改密码

　　在修改密码功能中，"确认"按钮槽函数略微复杂，需要先检查用户输入内容的合法性，然后根据不同的用户类型构造更新密码的 SQL 语句，最后将 SQL 语句提交给数据库，相关代码如下：

```
01.    def confirm(self):                          # "确认"按钮槽函数
02.        # 【第 1 部分】检查用户输入的合法性
03.        if self.edt_old_pwd.text() == "" or self.edt_new_pwd.text() == "" or
    self.edt_pwd_confirm.text() == "":
04.            QMessageBox.warning(self, "学生选课管理信息系统", "旧密码、新密码和确认密码不
    可为空！")
05.            return
06.        if utility.pwd != self.edt_old_pwd.text():
07.            QMessageBox.warning(self, "学生选课管理信息系统", "旧密码不正确！")
08.            return
09.        if self.edt_new_pwd.text() != self.edt_pwd_confirm.text():
10.            QMessageBox.warning(self, "学生选课管理信息系统", "两次输入的新密码不一致！")
11.            return
12.        # 【第 2 部分】构造 SQL 语句
13.        if utility.user_type == 0:                     # 学生
14.            select_sql = "update t_student set f_password='" +
    self.edt_new_pwd.text() + \
15.                         "' where f_stu_id='" + utility.user + "'"
16.        elif utility.user_type == 1:                   # 教师
17.            select_sql = "update t_teacher set f_password='" +
    self.edt_new_pwd.text() + \
18.                         "' where f_teach_id='" + utility.user + "'"
19.        else:                                          # 管理员
20.            select_sql = "update t_admin set f_password='" +
    self.edt_new_pwd.text() + \
21.                         "' where f_user_id='" + utility.user + "'"
22.        # 【第 3 部分】执行修改操作
23.        # 创建数据库连接
24.        conn = psycopg2.connect(host="localhost",          # 数据库服务器名或地址
25.                                user="highgo",             # 用户名
26.                                password="highgo5866",     # 密码
27.                                port="5866",               # 端口号
28.                                database="SCSMIS")         # 数据库名称
```

```
29.        cur = conn.cursor()                                    # 创建游标对象
30.        cur.execute(select_sql)
31.        conn.commit()
32.        QMessageBox.information(self, "学生选课管理信息系统", "密码修改成功！")
33.        cur.close()                                            # 关闭游标
34.        conn.close()                                           # 关闭连接
```

上述代码难度不大，在具体编写函数代码前将其功能分解，保持清晰的程序思维，对于代码实现尤为重要。此外，读者可以发现上述代码中会有很多输入合法性的检测，这也是提高系统健壮性的一个重要处理方式，请读者体会并实践，以做出更适合用户使用的系统。

6.3　教师功能

教师功能包括用户登录、教师用户主界面、开设课程、选课成绩、修改密码等，其中用户登录、修改密码为通用功能，教师用户主界面、开设课程可分别参考学生功能中的学生用户主界面和选修课程功能的实现，本节仅介绍选课成绩功能的实现。

选课成绩

在显示选课成绩窗体前需要先填充"课程"下拉列表（见图 5.11），相关槽函数被定义在 teach_main_run.py 文件中，代码如下：

```
01.    def course_grade_show(self):
02.        """显示选课成绩窗体并填充课程下拉列表"""
03.        str_sql = "select t_course.f_course_id,f_name from t_teach_course,
    t_course " + \
04.                "where t_teach_course.f_course_id=t_course.f_course_id and
    f_teach_id='" + utilities.user + "' " + \
05.                "order by t_course.f_course_id"
06.        # 创建数据库连接
07.        conn = psycopg2.connect(host="localhost",          # 数据库服务器名或地址
08.                                user="highgo",             # 用户名
09.                                password="highgo5866",     # 密码
10.                                port="5866",               # 端口号
11.                                database="SCSMIS")         # 数据库名称
12.        cur = conn.cursor()                                # 创建游标对象
13.        cur.execute(str_sql)
14.        result = cur.fetchall()
```

```
15.        self.frm_course_grade.cmb_course.clear()        # 清空"课程"下拉列表
16.        for course in result:                # 填充"课程"下拉列表, 形如"5-数据库系统概论"
17.            self.frm_course_grade.cmb_course.addItem(str(course[0]) + "-" + course[1])
18.        self.frm_course_grade.show()          # 显示选课成绩窗体
```

根据"选课成绩"界面中的功能按钮, 可将选课成绩的功能划分为四部分。

1. 查询

根据选择的课程, 查询选课成绩, 相关代码如下:

```
01.    def query(self):                              # 根据选择的课程, 查询选课成绩
02.        course = self.cmb_course.currentText()
03.        if course == "":
04.            QMessageBox.information(self, "选课成绩", "请选择课程! ")
05.            return
06.        course_id = course.split("-")[0]                    # 获取课程编号
07.        str_sql = "select f_course_id, cname, f_stu_id, sname, colname,
    f_speciality, f_score from v_stu_course " + \
08.                "where f_teach_id='" + utilities.user + "' and f_course_id=" +
    course_id + " order by f_stu_id"
09.        # 创建数据库连接
10.        conn = psycopg2.connect(host="localhost",       # 数据库服务器名或地址
11.                            user="highgo",               # 用户名
12.                            password="highgo5866",       # 密码
13.                            port="5866",                 # 端口号
14.                            database="SCSMIS")           # 数据库名称
15.        cur = conn.cursor()                              # 创建游标对象
16.        print(str_sql)
17.        cur.execute(str_sql)
18.        result = cur.fetchall()
19.        self.tbw_course.setRowCount(0)                   # 清空数据
20.        for row, row_data in enumerate(result):
21.            self.tbw_course.insertRow(row)               # 插入行
22.            for column in range(len(row_data)):
23.                item = QtWidgets.QTableWidgetItem(str(row_data[column]))
24.                if column != 6:                          # 将 0~5 列设置为不可编辑
25.                    item.setFlags(QtCore.Qt.ItemIsEnabled)
26.                self.tbw_course.setItem(row, column, item)
27.        cur.close()                                      # 关闭游标
28.        conn.close()                                     # 关闭连接
```

这部分代码比较简单, 读者需注意如下两点。

（1）获取课程编号: 由于"课程"下拉列表中的课程信息形如"5-数据库系统概论",

所以需要取"-"之前的部分字符串，即课程编号，获取课程编号后可直接通过课程编号使用 v_stu_course 视图查询选课成绩信息；反之，若"课程"下拉列表中仅包括课程名称，则在查询选课成绩时还需要和课程表（t_course）做关联查询，增加了查询的复杂度。请读者体会这里的处理方法。

（2）由于教师需要批量录入或修改学生成绩，这里采用直接在 QTableWidget 修改的方式完成对学生成绩的维护，因此在显示查询结果集时需要将 0～5 列设为不可编辑，即只有索引值为 6 的列（成绩）可编辑。

2. 保存

保存录入或修改的学生成绩，相关代码如下：

```
01.    def save(self):              # 保存成绩
02.        if self.tbw_course.rowCount() == 0:
03.            QMessageBox.information(self, "选课成绩", "没有可以保存的记录！")
04.            return
05.        # 创建数据库连接
06.        conn = psycopg2.connect(host="localhost",      # 数据库服务器名或地址
07.                            user="highgo",             # 用户名
08.                            password="highgo5866",     # 密码
09.                            port="5866",               # 端口号
10.                            database="SCSMIS")         # 数据库名称
11.        cur = conn.cursor()                            # 创建游标对象
12.        for row in range(self.tbw_course.rowCount()):  # 遍历表格中的所有行
13.            course_id = self.tbw_course.item(row, 0).text()
14.            stu_id = self.tbw_course.item(row, 2).text()
15.            grade = self.tbw_course.item(row, 6).text()
16.            if not utilities.is_number(grade):          # 判断成绩是否为数值
17.                QMessageBox.information(self, "选课成绩", "成绩应为数值！")
18.                self.tbw_course.item(row, 6).setSelected(True)
19.                return
20.            # 逐行修改选课成绩
21.            str_sql = "update t_stu_course set f_score=%.1f where f_course_id=%s
   and f_stu_id='%s' and f_teach_id='%s';" \
22.                    % (float(grade), course_id, stu_id, utilities.user)
23.            cur.execute(str_sql)
24.            conn.commit()
25.        cur.close()                                     # 关闭游标
26.        conn.close()                                    # 关闭连接
27.        QMessageBox.information(self, "选课成绩", "选课成绩保存成功！")
```

关于这部分代码，请读者注意以下几点。

（1）SQL 语句的构建采用了格式化字符串的方式，这样所有参数会放在最后，维护起来比较方便，值得借鉴。

（2）对于成绩的更新，采用了逐行读取 QTableWidget 表格中的数据并修改数据库记录的方法，即使某行数据中成绩未被修改也将被更新，这种处理方式比较简单。读者可以对这部分处理进行改进，即仅更新已被修改的成绩。

（3）成绩只能是浮点数，相关的判断函数被定义在 utilities.py 文件中，代码如下所示：

```
1. def is_number(s):          # 判断字符串是否为数值
2.   try:
3.     float(s)
4.     return True
5.   except ValueError:
6.     pass
7.   return False
```

随着系统的开发，会逐渐积累一些公共函数，这些函数不仅可以被这个项目使用，在未来开发的项目中也可能被使用，所以读者都可以构建属于自己的工具箱。

3．导出

将选课成绩名单导出为 Excel 文件，相关代码如下：

```
01.   def export(self):
02.     if self.tbw_course.rowCount() == 0:              # 检测是否有数据可导出
03.       QMessageBox.information(self, "选课成绩", "无数据可以导出为 Excel 文件！")
04.       return
05.     # 在文件保存对话框中设置 Excel 文件的路径及文件名,getSaveFileName 函数返回两个值：全
     路径文件名、文件类型
06.     # "./"表示默认起始路径为当前路径
      file_name = QFileDialog.getSaveFileName(self, "文件保存", "./", "Excel
  Files (*.xls)")
07.     if file_name[0] == "":    # 若在文件保存对话框中单击"取消"按钮,则获取的文件名为空
08.       QMessageBox.information(self, "选课成绩", "请选择导出的 Excel 文件！")
09.       return
10.     file = open(file_name[0], 'w')    # 打开 Excel 文件,'w'表示以可写（write）的方式
11.     # \t 表示同一行的各列之间用 Tab 隔开
      file.write("课程编号\t课程名称\t学生编号\t学生姓名\t学院\t专业\t成绩\n")
12.     for i in range(self.tbw_course.rowCount()):      # 逐行逐列写入 Excel 文件
13.       for j in range(self.tbw_course.columnCount()):
14.         file.write(self.tbw_course.item(i, j).text())
15.         file.write("\t")                              # 写入 Tab: 下一个单元格
16.       file.write("\n")                                # 写入换行符: 下一行
17.     file.close()
```

```
18.          QMessageBox.information(self, "选课成绩", "数据导出成功！")
```

Python 处理 Excel 文件主要是使用第三方模块库 xlrd、xlwt、xluntils 和 pyExcelerator 等，除此之外，还可以用 win32com 和 openpyxl 模块。由于我们仅需要使用最简单的 Excel 导出功能，所以这里采用最简单的普通文件读写的方式来处理，具体处理方式请参考上述代码及注释。读者还可以尝试更多的实现方法，对导出的 Excel 文件进行更多设置和美化。

4. 停开课程

这部分功能借助停开课程存储过程（proc_course_cancel）来实现，具体请参考 3.3.7 节，相关代码如下：

```
01.    def cancel(self):          # 停开课程
02.        if self.cmb_course.currentIndex() == -1:
03.            QMessageBox.information(self, "选课成绩", "请选择要停开的课程！")
04.            return
05.        if QMessageBox.No == QMessageBox.question(self, "退选课程", "你确定要停开" +
    "《" + self.cmb_course.currentText() + "》课程？",
06.                        QMessageBox.Yes | QMessageBox.No, QMessageBox.Yes):
07.            return
08.        course_id = self.cmb_course.currentIndex().split("-")[0]     # 获取课程编号
09.        # 调用存储过程 func_course_cancel 执行停开课程操作
10.        str_sql = "select func_course_cancel('%s', %s)" % (utilities.user,
    course_id)
11.        # 创建数据库连接
12.        conn = psycopg2.connect(host="localhost",          # 数据库服务器名或地址
13.                        user="highgo",                      # 用户名
14.                        password="highgo5866",              # 密码
15.                        port="5866",                        # 端口号
16.                        database="SCSMIS")                  # 数据库名称
17.        cur = conn.cursor()                                 # 创建游标对象
18.        cur.execute(str_sql)
19.        result = cur.fetchall()
20.        # flag: func_course_cancel 的返回值：0（成功）、1（已考试）、2（选课人数已超过20人）
        flag = int(result[0][0])
21.        cur.close()
22.        conn.close()
23.        if flag == 1:                                       # 1 表示已考试
24.            QMessageBox.warning(self, "选课成绩", "该课程已考试，无法停开！")
25.            return
26.        if flag == 2:                                       # 2 表示选课人数已超过 20 人
27.            QMessageBox.warning(self, "选课成绩", "该课程选课人数已超过20人，无法停开！")
28.            return
```

```
29.        QMessageBox.warning(self, "选课成绩", "该课程选课人数已超过 20 人，无法停开！")
```

从上述代码可以看出，使用存储过程可大大减少代码量，使得客户端程序更简洁。在实际的项目开发中，可以将一些业务较复杂及需要频繁与数据库交互的逻辑功能写成存储过程，这对于系统的维护很有帮助。

6.4 管理员功能

6.4.1 学院信息管理

在实现学院信息管理功能之前，先结合界面对功能进行重述。对学院信息的管理包括查询、添加、修改、删除四部分。

（1）查询：查询结果显示在"学院列表"列表中，用户在"学院列表"列表中选择学院，系统将在"学院信息管理"列表对应的输入框中显示学院的相关信息（学院编号、学院名称及备注）。在查看状态下，各输入框不可编辑，"保存"按钮处于不可用状态，如图 6.2 所示。

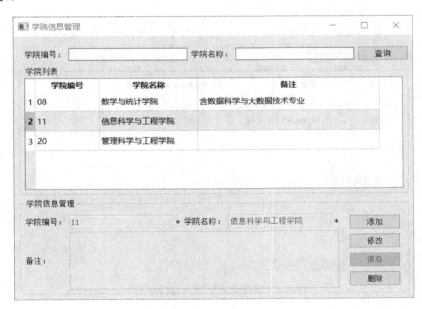

图 6.2　学院信息管理（查看状态）

（2）添加：单击"添加"按钮，"学院信息管理"列表中的各输入框变为可编辑状态，只有"保存"按钮处于可用状态，如图 6.3 所示。用户修改完毕后，单击"保存"按钮进行保存。

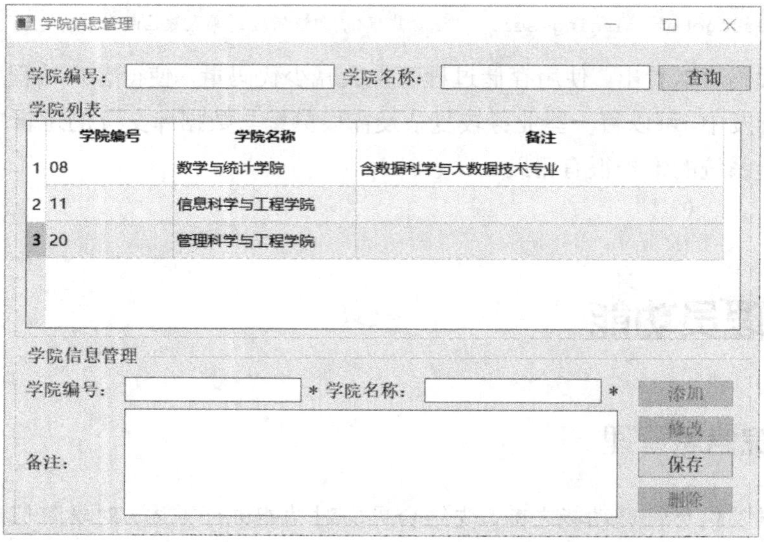

图 6.3　学院信息管理（添加状态）

（3）修改：单击"修改"按钮，"学院信息管理"列表中的各输入框进入可编辑状态（除了"学院编号"文本框，学院编号为主键，此处约定不可修改），只有"保存"按钮处于可用状态，如图 6.4 所示。用户修改完毕后，单击"保存"按钮进行保存。

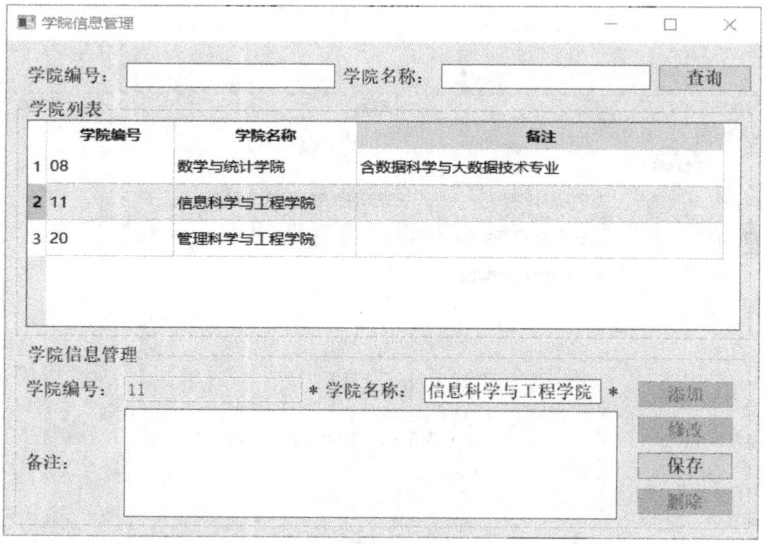

图 6.4　学院信息管理（修改状态）

（4）删除：在"学院列表"列表中选中要删除的学院，单击"删除"按钮，系统将删除该学院并在"学院列表"列表中删除对应记录。

综上所述，学院信息管理功能的功能状态可分为三类：查询、添加、修改，这些状态之间通过用户的操作（功能按钮的单击和对列表中数据的选择）进行切换。不同功能状态对应不同的控件（输入框和按钮）可用性，用户可以根据控件的可用性判断功能界面的当前状态，便于引导用户操作、防止用户误操作。因此，在功能实现过程中，除了要实现查询、添加、修改、删除四个基本功能，还要注意各种状态之间的转换。

1．查询

查询功能可参考学生用户、教师用户的相关功能，这里不再赘述。

2．查看

用户在"学院列表"列表中选择不同记录，"学院信息管理"列表中的输入框级联显示对应学院信息。定义槽函数如下：

```
01.    def select_change(self):
02.        """改变"学院列表"列表中选中的行，"学院信息管理"列表中的输入框联动改变"""
03.        row = self.tbw_college.currentRow()
04.        if row == -1:                   # 未选中行（如查询结果为空），清空输入框
05.            self.edt_id.setText("")
06.            self.edt_name.setText("")
07.            self.xdt_memo.setText("")
08.            # 设置按钮可用状态
09.            self.btn_add.setEnabled(True)
10.            self.btn_modify.setEnabled(False)
11.            self.btn_save.setEnabled(False)
12.            self.btn_delete.setEnabled(False)
13.            return
14.        # 更新输入框的值
15.        self.edt_id.setText(self.tbw_college.item(row, 0).text())
16.        self.edt_name.setText(self.tbw_college.item(row, 1).text())
17.        self.xdt_memo.setText(self.tbw_college.item(row, 2).text())
18.        # 设置输入框不可编辑
19.        self.edt_id.setEnabled(False)
20.        self.edt_name.setEnabled(False)
21.        self.xdt_memo.setEnabled(False)
22.        # 设置按钮可用状态
23.        self.btn_add.setEnabled(True)
24.        self.btn_modify.setEnabled(True)
25.        self.btn_save.setEnabled(False)
26.        self.btn_delete.setEnabled(True)
```

当用户在"学院列表"列表（QTableWidget）中选择不同行时触发此槽函数，因此需要将槽函数与"学院列表"列表的 itemSelectionChanged 信号关联，在本类的构造函数中添加如下代码：

```
1. self.tbw_college.itemSelectionChanged.connect(self.select_change)
```

在 QTableWidget 控件的使用过程中，会涉及 QTableWidget 信号，其常用信号触发条件如表 6.6 所示。

表 6.6 QTableWidget 控件的常用信号触发条件

信 号	说 明
cellChanged(int，int)	当单元格中的项目数据发生更改时，发出信号，并传递（行，列）
cellClicked(int，int)	当单击表格中的单元格时，发出信号，并传递（行，列）
cellDoubleClicked(int，int)	当双击表格中的单元格时，发出信号，并传递（行，列）
currentCellChanged(int，int，int，int)	当单元格发生变化时，发出信号（当前单元格的行、列，先前具有焦点的单元格行、列）
currentItemChanged(QTableWidgetItem*，QTableWidgetItem*)	当项目发生变化时，发出信号（当前项目，先前项目）
itemChanged(QTableWidgetItem*)	当表中项目数据发生变化时，发出信号，并传递（项目）
itemClicked(QTableWidgetItem*)	当单击表中的项目时，发出信号，并传递（项目）
itemDoubleClicked(QTableWidgetItem*)	当双击表中的项目时，发出信号，并传递（项目）
itemEntered(QTableWidgetItem*)	当当鼠标指针进入项目时，发出信号，并传递（项目）
itemPressed(QTableWidgetItem*)	当按下鼠标按键时，发出信号，并传递（项目）
itemSelectionChanged()	当选择发生变化时，发出信号

3. 添加

添加功能对应的槽函数如下：

```
01.    def add(self):
02.        # 清空输入框
03.        self.edt_id.setText("")
04.        self.edt_name.setText("")
05.        self.xdt_memo.setText("")
06.        # 设置输入框为可编辑
07.        self.edt_id.setEnabled(True)
08.        self.edt_name.setEnabled(True)
09.        self.xdt_memo.setEnabled(True)
10.        self.edit_type = 1                    # 功能状态为1：添加
11.        # 设置按钮可用状态
12.        self.btn_add.setEnabled(False)
13.        self.btn_modify.setEnabled(False)
14.        self.btn_save.setEnabled(True)
15.        self.btn_delete.setEnabled(False)
```

这里使用变量 edit_type 记录功能状态，便于在保存时根据功能状态判断是添加操作还是修改操作。变量 edit_type 定义在本类的构造函数中：

```
1. self.edit_type = 0    # 功能状态，1为添加，2为修改，用于区分不同功能状态
```

4. 修改

修改功能对应的槽函数如下：

```
1.   def modify(self):
2.       # 设置输入框为可编辑（学院编号不可修改）
3.       self.edt_id.setEnabled(False)
4.       self.edt_name.setEnabled(True)
5.       self.xdt_memo.setEnabled(True)
6.       self.edit_type = 2              # 功能状态为2：修改
7.       # 设置按钮可用状态
8.       self.btn_add.setEnabled(False)
9.       self.btn_modify.setEnabled(False)
```

5. 保存

保存功能槽函数的逻辑比较简单，先对信息进行合法性检测，然后根据不同的功能状态组成 SQL 语句，然后向数据库提交 SQL 语句，最后刷新显示，相关代码如下：

```
01.  def save(self):
02.      # 学院编号合法性检测
         if not self.edt_id.text().isdigit() or len(self.edt_id.text()) != 2:
03.          QMessageBox.information(self, "学院信息管理", "学院编号应为两位数字！")
04.          self.edt_id.setFocus()
05.          return
06.      if self.edt_name.text() == "":                    # 学院名称不可为空
07.          QMessageBox.information(self, "学院信息管理", "学院名称不可为空！")
08.          self.edt_name.setFocus()
09.          return
10.      if self.edit_type == 1:                           # 添加
11.          str_sql = "insert into t_college values('%s', '%s', '%s')" \
12.                  % (self.edt_id.text(), self.edt_name.text(),
   self.xdt_memo.toPlainText())
13.      elif self.edit_type == 2:                         # 修改
14.          str_sql = "update t_college set f_name='%s', f_memo='%s' where
   f_college_id='%s'" \
15.                  % (self.edt_name.text(), self.xdt_memo.toPlainText(),
   self.edt_id.text())
16.      try:
17.          # 创建数据库连接
18.          conn = psycopg2.connect(host="localhost",    # 数据库服务器名或地址
19.                              user="highgo",            # 用户名
20.                              password="highgo5866",    # 密码
21.                              port="5866",              # 端口号
```

```
22.                              database="SCSMIS")           # 数据库名称
23.          cur = conn.cursor()                              # 创建游标对象
24.          cur.execute(str_sql)
25.          conn.commit()
26.          if self.edit_type == 1:                          # 添加
27.              # 在"学院列表"列表中添加一行
28.              row = self.tbw_college.rowCount()            # 添加行的行号
29.              self.tbw_college.insertRow(row)             # 插入行
30.              self.tbw_college.setItem(row, 0, QtWidgets.QTableWidgetItem
    (self.edt_id.text()))
31.              item = QtWidgets.QTableWidgetItem(self.edt_name.text())
32.              self.tbw_college.setItem(row, 1, item)
33.              self.tbw_college.setItem(row, 2, QtWidgets.QTableWidgetItem(self.
    xdt_memo.toPlainText()))
34.              # 跳转至添加的行（触发 select_change 槽函数）
                 self.tbw_college.setCurrentItem(item)
35.              QMessageBox.information(self, "学院信息管理", "学院信息添加成功！")
36.          elif self.edit_type == 2:                        # 修改
37.              # 更新"学院列表"列表中当前行的信息
38.              row = self.tbw_college.currentRow()          # 修改行的行号
39.              self.tbw_college.setItem(row, 1, QtWidgets.QTableWidgetItem
    (self.edt_name.text()))
40.              self.tbw_college.setItem(row, 2, QtWidgets.QTableWidgetItem(self.
    xdt_memo.toPlainText()))
41.              self.select_change()    # 主动触发 select_change 槽函数，更新按钮及输入框状态
42.              QMessageBox.information(self, "学院信息管理", "学院信息修改成功！")
43.      except (Exception, psycopg2.Error) as error:  # 异常处理：主键冲突或唯一键冲突
44.          QMessageBox.warning(self, "学院信息管理", "学院编号和学院名称均不可重复，请检
    查您输入的信息是否合法！")
45.          print("Error Info: ", error)
46.      finally:
47.          if conn:
48.              cur.close()                                  # 关闭游标
49.              conn.close()                                 # 关闭连接
```

上述代码有两个细节需要注意。

（1）更新成功后需要刷新"学院列表"列表中的信息，然后进入查看状态，上述代码通过触发（主动或自动）select_change 槽函数的方式，更新按钮及输入框状态。

（2）在提交更新时可能会引起主键冲突（如添加的新学院编号与已有学院编号重复）或唯一键冲突（如添加或修改的学院名称与已有学院名称重复），上述代码中没有逐一检查，而是使用了异常处理机制，是一种取巧的处理方法。使用异常处理机制是一种比较安全的处理方法，对系统的健壮性有帮助，建议读者参考使用。

6. 删除

删除功能对应槽函数如下：

```
01.    def delete(self):
02.        if QMessageBox.No == QMessageBox.question(self, "学院信息管理", "你确定要删除
       这条学院信息? ", QMessageBox.Yes | QMessageBox.No, QMessageBox.Yes):
03.            return
04.        try:
05.            # 创建数据库连接
06.            conn = psycopg2.connect(host="localhost",    # 数据库服务器名或地址
07.                                    user="highgo",       # 用户名
08.                                    password="highgo5866", # 密码
09.                                    port="5866",         # 端口号
10.                                    database="SCSMIS")   # 数据库名称
11.            cur = conn.cursor()                          # 创建游标对象
12.            str_sql = "delete from t_college where f_college_id='%s'" %
       self.edt_id.text()
13.            cur.execute(str_sql)
14.            conn.commit()
15.            cur.close()                                  # 关闭游标
16.            conn.close()                                 # 关闭连接
17.            QMessageBox.information(self, "学院信息管理", "学院信息删除成功! ")
18.            self.query()                                 # 刷新显示
19.        except (Exception, psycopg2.Error) as error:     # 异常处理: 外键冲突
20.            QMessageBox.warning(self, "学院信息管理", "学院信息删除失败, 请检查该学院是否
       已有教师和学生! ")
21.            print("Error Info: ", error)
22.        finally:
23.            if conn:
24.                cur.close()                              # 关闭游标
25.                conn.close()                             # 关闭连接
```

若教师表或学生表中已有关联记录，则删除学院信息的操作将会失败，上述代码是使用异常处理方式来处理的，与保存功能对应的槽函数类似。

6.4.2 学生信息管理

与学院信息管理功能类似，学生信息管理的主要功能也是查询、添加、修改、删除四个部分，实现方法可参考 6.4.1 节。在具体实现过程中请读者注意以下几点。

（1）下拉列表的处理。

首先是下拉列表中值的初始化，对于"性别"下拉列表，由于值是固定的，可以在界

面设计时写入；而对于"学院"下拉列表，则需要通过查询数据库对其进行填充，具体实现方法可参考选课成绩功能的处理方法。

其次是下拉列表中值的设置，即当用户选中"学生列表"列表中的不同学生时，对应的"性别"下拉列表、"学院"下拉列表中的选项需要联动改变（见图 6.5），因此需要获取所选学生的性别或学院对应的下拉列表中的索引值。为了方便处理，在 utilizies.py 文件中定义相应的全局变量，代码如下：

```
1. # 数据字典：用于记录下拉列表中的值
2. list_sex = ["男", "女"]
3. list_college = []
```

其中，list_college 需要在窗体创建前初始化，可以使用如下代码对下拉列表中的选项进行设置：

```
1. self.cmb_sex.setCurrentIndex(utilities.list_sex.index(self.tbw_student.item(row, 2).text()))
2. self.cmb_college.setCurrentIndex(utilities.list_college.index(self.tbw_student.item(row, 5).text()))
```

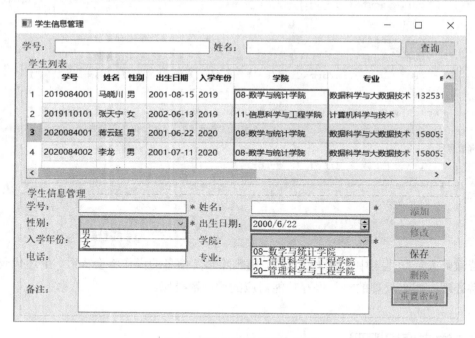

图 6.5 "学生信息管理"界面

（2）"出生日期"输入框（QDateEdit）的使用比较容易，由读者自行查阅资料进行学习。

（3）重置密码：由于学生可能会忘记密码，这里设置了重置密码功能，可以将学生密码重置为"123456"，相关代码如下：

```
01.    def reset(self):
02.        try:
03.            # 创建数据库连接
04.            conn = psycopg2.connect(host="localhost",      # 数据库服务器名或地址
05.                                    user="highgo",         # 用户名
06.                                    password="highgo5866", # 密码
07.                                    port="5866",           # 端口号
08.                                    database="SCSMIS")     # 数据库名称
09.            cur = conn.cursor()                            # 创建游标对象
10.            str_sql = "update t_student set f_password='123456' where
   f_stu_id='%s'" % self.edt_id.text()
11.            cur.execute(str_sql)
12.            conn.commit()
13.            cur.close()                                    # 关闭游标
14.            conn.close()                                   # 关闭连接
15.            QMessageBox.information(self, "学生信息管理", "学生密码重置成功, 新密码为:
   123456! ")
16.            self.query()                                   # 刷新显示
17.        except (Exception, psycopg2.Error) as error:       # 异常处理
18.            QMessageBox.warning(self, "学生信息管理", "学生密码重置失败, 请检查数据库连接
   是否正常! ")
19.            print("Error Info: ", error)
20.        finally:
21.            if conn:
22.                cur.close()                                # 关闭游标
23.                conn.close()                               # 关闭连接
```

管理员端其他功能（如教师信息维护、课程信息维护、管理员维护）的实现可以参考学院信息管理和学生信息管理来实现，此处不再一一给出实现代码了。

6.5　小结

随着开发的进行系统的源文件逐渐增多（见图 6.6），在略有成就感的同时会出现文件管理困难。

图 6.6　部分源码文件结构

对项目源文件进行分析，可以发现其分为三种类型：界面文件（ui）、界面源文件（py）和逻辑文件（py）。我们可以使用 Python 中的包（Package）对文件进行管理。建立一个"UI"包，将与界面相关的文件移动到其中。使用鼠标将与界面相关的文件拖到"UI"包中，弹出如图 6.7 所示对话框，在该对话框中勾选"搜索引用"复选框，单击"重构"按钮完成移动，源码之间的引用关系将同步改变。

图 6.7　"移动"对话框

这样一来，"UI"包中的文件就可以被当作系统的"视图层"，其他名称以"_run.py"结尾的文件是系统的业务逻辑代码。分析系统的逻辑代码，可以发现其内容可以分为对界面的控制和对数据的操作两部分。其中，对界面的控制主要是控制界面的显示、信号和槽函数的连接、界面中控件的状态改变等；对数据的操作是对数据库表中的记录的查、增、改、删操作。由于对数据库表中记录的操作代码存在大量的重复，所以可以进一步划分现有逻辑代码，可以将数据操作独立出来，形成系统的"模型层"（Model），其余代码可形成系统的"控制层"（Controller）。这样，一个简单的 MVC 框架的雏形就建立了，该框架不仅使程序的结构更加清晰，还提高了代码的可重用性。学有余力的读者可以根据提示，查阅相关资料对项目进行进一步优化。

至此，已经实现了选课系统的全部功能，本书仅仅提供了系统的最小的、完整的基本功能的实现，还有很多可扩展和改进的地方期待读者的参与。这里笔者提供几个改进的角度，供读者参考：

- 功能性：用户还需要哪些功能？
- 友好性：如何让用户更方便地与系统交互？
- 健壮性：还有哪些异常未考虑和处理？
- 重用性：怎么组建系统架构可以使项目单元更容易被复用？

命名规范

在实际项目开发过程中，良好的代码规范对于程序的理解、调试、复用非常重要，甚至和"内容"一样重要。这里我们仅介绍其中的命名规范，更多代码规范请读者参考本书给出的示例代码。

1. 基本规范

- 简洁：不要起太长的名字，否则难以记忆。
- 富于描述：要起有意义的名字，以达到"望名知意"的效果。
- 尽量使用英文命名，不要使用拼音缩写或汉字。

2. 数据库命名规则

2.1 数据表

- 数据表命名以"t_"打头，全部小写，可由多个单词（缩写）组成，单词间以"_"隔开，如学生课程表的名称为"t_stu_grade"。

2.2 数据字段

- 数据字段命名以"f_"打头，全部小写，单词间以"_"隔开，如学生性别的名称为"f_sex"。

2.3 索引

- 索引命名以"x_"打头，全部小写，单词间以"_"隔开。若为唯一索引或聚簇索引，则需使用"x_u_"或"x_c_"标识出来。例如，在学生表上按照电话号码升序建立的普通索引，其名称为"x_stu_phone"。在学生表上按照电话号码升序建立的唯一索引，其名称为"x_u_stu_phone"。

2.4 视图

- 视图命名以"v_"打头，全部小写，单词间以"_"隔开，如 2016 级学生视图的名称为"v_stu_2016"。

2.5 存储过程/函数

- 存储过程/函数命名以"proc_"或"func_"打头，全部小写，单词间以"_"隔开。

2.6 触发器

- 触发器命名以"trig_"打头，全部小写，单词间以"_"隔开。

3．代码命名规则

3.1 类

- 类名一般为名词，可由多个单词（缩写）组成，每个单词首字母大写，其余字母小写[①]，如一个学生信息类，其名称为"StuInfo"。

3.2 类属性

- 类属性一般为名词，可由多个单词（缩写）组成，全部小写，单词间以"_"隔开，如学生信息类的入学年份属性的名称为"entrance_year"。

3.3 类方法

- 类方法一般为动词或动宾短语，可由多个单词（缩写）组成，全部小写，单词间以"_"隔开，如学生信息类的获取入学年份方法的名称为"get_entrance_year"。

3.4 函数

函数的命名规则与类方法的命名规则相同。

---

① 大驼峰命名法，又称 Pascal 命名法。

3.5 变量

- 变量名可由多个单词（缩写）组成，全部小写，单词间以"_"隔开。

3.6 常量

- 单词的所有字母都大写，如果有多个单词，那么使用"_"连接即可，如定义一学生年龄常量的名称为"AGE_OF_STUDENT"。